全国高等职业教育规划教材

# 模拟电子技术

主　编　吴荣海

副主编　陈　佳

参　编　刘　旭

机械工业出版社

本书根据高职高专教育特点、高职院校电类相关专业人才的培养目标和对毕业生职业岗位的能力组织编写，强调基础知识、基本技能的教学和学生动手能力的培养。

本书主要内容有半导体二极管和晶体管、基本放大电路、场效应晶体管及其放大电路、负反馈放大电路、集成运算放大电路、功率放大器和直流稳压电源等。每个典型知识点后都配有对应的实训，每个模块知识点后都配有实用性很强的综合实训。

本书可作为高等职业院校电子类、电气类、通信类和机电类等专业的教材，也可供从事电子产品设计与开发的工程技术人员参考。

为了配合教学，本书配有电子教案，读者可以登录机械工业出版社教材服务网 www.cmpedu.com 免费注册后下载，或联系编辑索取（QQ：1239258309，电话：010－88379339）。

**图书在版编目（CIP）数据**

模拟电子技术/吴荣海主编. —北京：机械工业出版社，2011.8
全国高等职业教育规划教材
ISBN 978 - 7 - 111 - 34457 - 5

Ⅰ.①模… Ⅱ.①吴… Ⅲ.①模拟电路—电子技术—高等职业教育—教材 Ⅳ.①TN710

中国版本图书馆 CIP 数据核字（2011）第 125239 号

机械工业出版社（北京市百万庄大街22号　邮政编码100037）
责任编辑：王　颖　版式设计：张世琴
责任校对：陈延翔　责任印制：乔　宇
三河市国英印务有限公司印刷
2011 年 9 月第 1 版第 1 次印刷
184mm×260mm · 11.5 印张 · 284 千字
0001—3000 册
标准书号：ISBN 978 - 7 - 111 - 34457 - 5
定价：22.00 元

# 出版说明

根据《教育部关于以就业为导向深化高等职业教育改革的若干意见》中提出的高等职业院校必须把培养学生动手能力、实践能力和可持续发展能力放在突出的地位，促进学生技能的培养，以及教材内容要紧密结合生产实际，并注意及时跟踪先进技术的发展等指导精神，机械工业出版社组织全国近60所高等职业院校的骨干教师对在2001年出版的"面向21世纪高职高专系列教材"进行了全面的修订和增订，并更名为"全国高等职业教育规划教材"。

本系列教材是由高职高专计算机专业、电子技术专业和机电专业教材编委会分别会同各高职高专院校的一线骨干教师，针对相关专业的课程设置，融合教学中的实践经验，同时吸收高等职业教育改革的成果而编写完成的，具有"定位准确、注重能力、内容创新、结构合理和叙述通俗"的编写特色。在几年的教学实践中，本系列教材获得了较高的评价，并有多个品种被评为普通高等教育"十一五"国家级规划教材。在修订和增补过程中，除了保持原有特色外，针对课程的不同性质采取了不同的优化措施。其中，核心基础课的教材在保持扎实的理论基础的同时，增加实训和习题；实践性较强的课程强调理论与实训紧密结合；涉及实用技术的课程则在教材中引入了最新的知识、技术、工艺和方法。同时，根据实际教学的需要对部分课程进行了整合。

归纳起来，本系列教材具有以下特点：

1）围绕培养学生的职业技能这条主线来设计教材的结构、内容和形式。

2）合理安排基础知识和实践知识的比例。基础知识以"必需、够用"为度，强调专业技术应用能力的训练，适当增加实训环节。

3）符合高职学生的学习特点和认知规律。对基本理论和方法的论述要容易理解、清晰简洁，多用图表来表达信息；增加相关技术在生产中的应用实例，引导学生主动学习。

4）教材内容紧随技术和经济的发展而更新，及时将新知识、新技术、新工艺和新案例等引入教材。同时注重吸收最新的教学理念，并积极支持新专业的教材建设。

5）注重立体化教材建设。通过主教材、电子教案、配套素材光盘、实训指导和习题及解答等教学资源的有机结合，提高教学服务水平，为高素质技能型人才的培养创造良好的条件。

由于我国高等职业教育改革和发展的速度很快，加之我们的水平和经验有限，因此在教材的编写和出版过程中难免出现问题和错误。我们恳请使用这套教材的师生及时向我们反馈质量信息，以利于我们今后不断提高教材的出版质量，为广大师生提供更多、更适用的教材。

机械工业出版社

# 前　言

"模拟电子技术"是电子类、电气类和通信类等专业的核心专业基础课，直接影响后续专业课程的学习。本书根据高职高专教育特点、高职院校电类相关专业人才的培养目标和对毕业生职业岗位能力的要求组织编写，强调基本知识、基本技能的教学和学生动手能力的培养。

本书具有以下特点：

1）强调基本概念的理解。

2）在详细介绍典型电路的组成、工作原理、分析方法与应用电路后，再简单介绍一些类似电路。可提高读者的学习兴趣和灵活运用知识的能力。

3）每个重要知识点后都配有实训内容，可加强读者的理论理解与动手能力。

本书共分7章，主要内容有半导体二极管和晶体管、基本放大电路、场效应晶体管及其放大电路、负反馈放大电路、集成运算放大电路、功率放大器和直流稳压电源等。综合实训部分主要由学生课后完成，课堂上可以安排一定时间讲授与调试。

本书参考总学时为114学时，其中理论讲授68学时，实训操作36学时。有条件的院校可以选择1~2个综合实训作为实训内容，让学生完成整个电子产品的设计、制作与调试过程。

本书由吴荣海任主编，陈佳任副主编，刘旭参编，其中第1、3章由刘旭编写，第2、5、7章由吴荣海编写，第4、6章由陈佳编写，吴荣海统编全书，郭勇任主审。本书实训部分的调试，得到廖金贤的支持与帮助，在此表示感谢。

本书可作为高等职业院校电子类、电气类、通信类和机电类等专业的教材，也可供从事电子产品设计与开发的工程技术人员参考。

由于编者水平有限，书中难免有疏漏和错误之处，恳请读者批评指正。

编　者

# 目　　录

# 第1章 半导体二极管和晶体管

**本章要点**

- PN 结的构成与特性
- 半导体二极管的构成与特性
- 晶体管的构成与特性

半导体器件是构成各种电子电路的基本器件，最常用的有半导体二极管、晶体管、场效应晶体管和集成电路等。半导体器件是由半导体材料通过特殊的工艺制成的。本章先介绍半导体的基本知识，然后分别介绍半导体二极管和晶体管的结构、工作原理、特性曲线和主要参数。

## 1.1 半导体基础知识

### 1.1.1 本征半导体

物质按照导电能力的不同可分为导体、绝缘体和半导体。其中，半导体的导电能力介于导体和绝缘体之间。常用的半导体材料有硅（Si）、锗（Ge）和砷化镓（GaAs）等。纯度很高、晶体结构完整的半导体称为本征半导体。

硅和锗都是 4 价元素，它们的原子最外层都有 4 个价电子，原子间以共价键形式结合。共价键中的电子受原子核的吸引力很强，不能自由移动，称为束缚电子。当绝对零度（即 $T=0K$）或无外界激发时，半导体不能导电而成为绝缘体。本征半导体的结构如图 1-1 所示。

对本征半导体而言，当温度升高或受光照射时，少数价电子获得足够大的能量挣脱共价键的束缚，能够自由移动，成为自由电子，同时在原来共价键位置留下一个空位，称为空穴。由本征激发产生的电子空穴对如图 1-2 所示。显然，自由电子和空穴是成对出现的，因此称为电子空穴对。

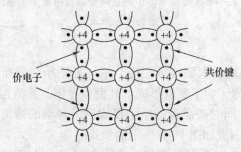

图 1-1 本征半导体结构图

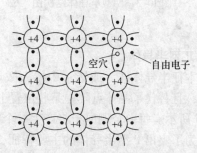

图 1-2 本征激发产生电子空穴对

这种在热或光作用下，本征半导体产生电子空穴对的现象称为本征激发。这里的自由电子带负电，空穴看成带正电，分别称为电子载流子和空穴载流子（我们把在电场作用下，能运载电荷形成电流的带电粒子称为载流子）。

本征激发产生电子空穴对的同时，自由电子在运动过程中有可能和空穴相遇，重新被共价键束缚起来，电子空穴对消失，这种现象称为复合。在一定的环境温度下，本征半导体的本征激发和复合现象并存，且速率一定，最终将处于动态平衡状态。这时电子空穴对的数目不变，且浓度很低，因此其导电能力很弱。

当温度升高或光照增强时，本征半导体中电子空穴对浓度将升高，其导电能力大大增强，这就是它的热敏性和光敏性。利用这个特点可以将其制作成热敏器件和光敏器件。

### 1.1.2 杂质半导体

在本征半导体中掺入微量的杂质元素所形成的半导体称为杂质半导体。根据掺入杂质的不同，可将杂质半导体分为 N 型和 P 型两大类。

**1. N 型半导体**

在本征半导体硅（或锗）中掺入微量的 5 价元素磷（或砷等）后，磷原子将散布于硅原子中，且替代了晶体点阵中某些位置上的硅原子，于是就形成了 N 型半导体，其结构图如图 1-3 所示。每一个磷原子将产生一个自由电子，同时杂质磷的原子变成不可移动的带正电的离子。为了突出 N 型半导体的主要特征，把它画成如图 1-4 所示的形式。

通常，杂质产生的载流子浓度远大于本征激发所产生的载流子浓度，因此，杂质半导体的导电能力远超过本征半导体。N 型半导体中自由电子的浓度远大于空穴，因此，自由电子（由杂质元素和本征激发产生）是多数载流子（简称为多子），空穴（由本征激发产生）是少数载流子（简称为少子）。

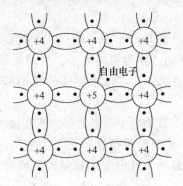

图 1-3 N 型半导体结构图

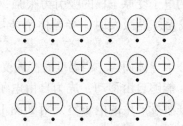

图 1-4 N 型半导体中的正离子和自由电子示意图
（忽略本征激发）

**2. P 型半导体**

在本征半导体硅（或锗）中掺入微量的 3 价元素硼（或铝等）后，硼原子将散布于硅原子中，且替代了晶体点阵中某些位置上的硅原子，于是就形成了 P 型半导体，其结构图如图 1-5 所示。每一个硼原子将产生一个空穴，同时杂质硼的原子变成不可移动的带负电的离子。为了突出 P 型半导体的主要特征，把它画成如图 1-6 所示的形式。

P 型半导体中空穴（由杂质元素和本征激发产生）是多子，自由电子（由本征激发产生）是少子。

需要注意的是，杂质半导体总体上仍为电中性，其多子浓度取决于杂质浓度。少子是由本征激发产生的，因此少子浓度与温度和光照密切相关。

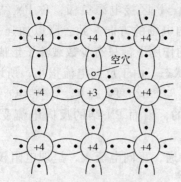

图1-5　P型半导体结构图

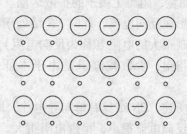

图1-6　P型半导体中的负离子和空穴示意图
（忽略本征激发）

### 1.1.3　PN结

如果将一块本征半导体的一边掺杂成P型半导体，另一边掺杂成N型半导体，则在这两种杂质半导体的交界面处，就会形成一个特殊的薄层——PN结。PN结是构成各种半导体器件的核心。

**1. PN结的形成**

由于P型半导体和N型半导体交界面两侧存在载流子浓度差，所以会产生扩散运动，P区的多子（空穴）向N区扩散，N区的多子（自由电子）向P区扩散，即发生多子的扩散运动，扩散中自由电子和空穴复合，因此在交界面上，靠N区一侧就留下不可移动的正离子，靠P区一侧就留下不可移动的负离子，从而形成空间电荷区，产生一个由N区指向P区的电场（内电场）。内电场一方面阻止多子的扩散运动，另一方面由于电场力的作用，促使少子的漂移运动，即P区的少子（自由电子）向N区漂移，N区的少子（空穴）向P区漂移。可见，交界面存在两种对立的运动，即由浓度差引起的多子的扩散运动和由内电场引起的少子的漂移运动，最终两者处于动态平衡状态，这就在交界处形成了PN结。PN结形成示意图如图1-7所示。

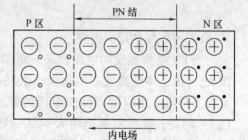

图1-7　PN结形成示意图

**2. PN结的单向导电性**

在PN结两端外加电压，称为PN结被偏置了。

（1）正向导通

给PN结加正向偏置电压，即P区接电源正极，N区接电源负极，此时称PN结为正向偏置（简称正偏），如图1-8a所示。外加电源产生的外电场方向与PN结产生的内电场方向相反，削弱了内电场，使PN结变薄，有利于两区多数载流子向对方扩散，形成正向电流，此时 PN 结处于正向导通状态。由于正向电流较大，所以 PN 结对外电路呈现较小的电阻（称为正向电阻）。

（2）反向截止

给 PN 结加反向偏置电压，即 N 区接电源正极，P 区接电源负极，称 PN 结反向偏置（简称反偏），如图 1-8b 所示。由于外加电场与内电场的方向一致，所以加强了内电场，使 PN 结加宽，阻碍了多子的扩散运动。在外场的作用下，只有少数载流子形成的很微弱的电流，形成反向电流，此时 PN 结处于反向截止状态。由于反向电流很小，所以 PN 结对外电路呈现很大的电阻（称为反向电阻）。

应当指出，少数载流子是由于本征激发产生的，因而 PN 结的反向电流受温度影响很大。

综上所述，PN 结具有单向导电性，即正偏时导通，正向电流大，呈现电阻较小；反偏时截止，反向电流很小，呈现电阻很大。

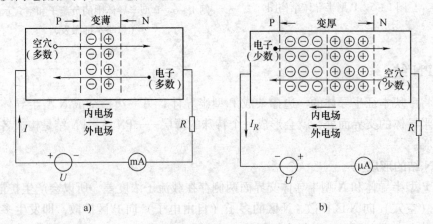

图 1-8　PN 结偏置电路
a）正偏导通　b）反偏截止

（3）PN 结的反向击穿

当 PN 结所加反向电压在某一范围内变动时，流过 PN 结的电流是很小的反向饱和电流 $I_{sat}$（由于本征激发产生的少子浓度很低，只要加不大的反向电压，几乎所有的少子都参与了导电，所以随着反向电压的升高，反向电流几乎保持不变，故称为反向饱和电流 $I_{sat}$）。但是，在反向电压增大到某一数值后，反向电流会突然急剧增加，这种现象称为 PN 结的反向击穿，反向电流开始明显增大时所对应的反向电压称为反向击穿电压 $U_{BR}$。上述击穿是由于所加反向电压太大引起的，称为电击穿。这个时候 PN 结失去单向导电性，同时因反向电流很大而消耗很大的功率，导致 PN 结发热，若不采取限流措施，则可能使它过热而烧坏（即发生热击穿）。显然热击穿应该避免，而电击穿的特性往往为人们利用（如稳压特性）。

（4）PN 结的电容效应

当 PN 结外加电压变化时，其耗尽层中离子的电荷量也发生变化（类似电容的充放电），这就是 PN 结的电容效应。该电容称为 PN 结的结电容，由于容量较小，所以一般在频率较高的场合才考虑结电容的影响。

## 1.2　半导体二极管

### 1.2.1　二极管的结构和类型

半导体二极管简称二极管，它是用一个 PN 结做成管心，在 P 区和 N 区两侧各接上电极引线，外加管壳封装而成的，其组成如图 1-9a 所示。接在 P 区的电极为正极，接在 N 区的电极为负极。其图形符号如图 1-9b 所示，图中三角箭头表示二极管正向电流的方向，VD 是二极管的文字符号。

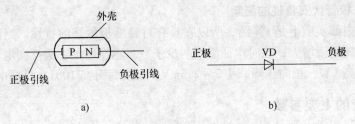

图 1-9　二极管的组成与图形符号

a）组成　b）图形符号

按制作二极管所用的半导体材料不同，可将二极管分为硅二极管和锗二极管两类；按其内部结构不同，可将二极管分为点接触型和面接触型两类。点接触型二极管的 P 区与 N 区接触面积小，结电容小，允许通过的电流小，一般适用于频率较高的场合，如检波电路和脉冲开关电路等；面接触型二极管的 P 区与 N 区接触面积大，允许通过的电流大，主要用于整流电路中。

### 1.2.2　二极管的伏安特性

电子元器件的导电特性，常用加在它两端的电压 $u$ 与通过它的电流 $i$ 的关系来描述，因为电压的单位是 V，电流的单位是 A，所以它们之间的关系又称为伏安特性。图 1-10 所示为硅二极管和锗二极管的伏安特性，其中的实线部分为硅二极管特性。

**1. 正向特性**

由图 1-10 可知，当正偏电压很小时，正向电流很小，这时二极管实际上没有导通，呈现很大的电阻。只有在正向电压达到一定值（这个值称为死区电压）后，正向电流按指数规律增大，这时才认为二极管处于导通状态。室温下，硅管的死区电压约 0.5V，锗管的死区电压约为 0.1V。

二极管导通后曲线陡直，表明二极管导通时呈现的电阻很小，电流变化范围很大，而其两端的电压变化很小。二极管充分导通时的两端电压称为导通电压，硅管的导通电压约为 0.6~0.7V，锗管的导通电压约为 0.2~0.3V。

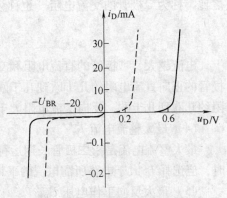

图 1-10　二极管的伏安特性

**2. 反向特性**

由图 1 – 10 可知，反向电压在相当大的范围内，反向电流数值很小，管子处于反偏截止状态，呈现的电阻很大，且当环境温度不变时，反向电流几乎不变，该电流称为二极管的反向饱和电流。通常小功率硅管的反向饱和电流约为 $10^{-3} \sim 10^{-10} \mu A$，而锗管的反向饱和电流约为 $1 \sim 10^{-2} \mu A$。当温度升高时，反向饱和电流的数值增大。

**3. 反向击穿特性**

在二极管的反向电压增大到一定值后，其反向电流会急剧增大，此时会发生二极管的反向击穿现象，发生击穿时的电压称为反向击穿电压（用 $U_{BR}$ 表示）。但只要采取限流措施，就能保证二极管的电击穿不会变成热击穿而损坏。

**4. 温度对二极管伏安特性的影响**

由于二极管内部实质上是 PN 结，所以它具有对温度很敏感的特性。当温度升高时，扩散运动加强，正向电流增大；此时本征激发的少子数目迅速增加，故反向电流剧增。在室温附近，温度每升高 1℃，正向压降减小 2 ~ 2.5mV；温度每升高 10℃，反向电流约增大 1 倍。

## 1.2.3　二极管的主要参数

电子元器件的参数是人们选用时的主要依据。二极管的参数可以直接测量得到，也可以从半导体器件手册中查找。

（1）直流电阻 $R_D$

二极管两端所加的直流电压 $U_D$ 与流过管子的直流电流 $I_D$ 之比，称为二极管的直流电阻（也称静态电阻），即

$$R_D = \frac{U_D}{I_D}$$

在二极管伏安特性曲线上，对应于一定 $U_D$、$I_D$ 的点叫静态工作点 Q。

（2）反向电流 $I_R$

反向电流是指二极管在反向截止时的电流值。这个值越小，说明二极管的单向导电性越好。$I_R$ 随温度的升高而迅速增加。

（3）交流电阻 $r_d$

在静态工作点 Q 附近，二极管两端电压变化量 $\Delta u_D$ 与流过二极管的相应电流变化量 $\Delta i_D$ 之比，称为二极管的交流电阻（也称为动态电阻），即

$$r_d = \frac{\Delta u_D}{\Delta i_D}$$

电流越大，二极管的直流电阻和交流电阻就都越小，因此二极管是非线性器件。一般二极管的正向直流电阻约几十欧到几千欧，反向直流电阻大于几千欧到几百千欧，正向交流电阻约几欧到几十欧，反向交流电阻大于几十千欧。

（4）最大整流电流 $I_F$

最大整流电流是指二极管长期运行时允许通过的最大正向平均电流。在实际选用二极管时，应选择 $I_F$ 大于电路所需电流的平均值，否则，管子会过热而损坏。

（5）最大反向工作电压 $U_{RM}$

最大反向工作电压是指二极管在使用时，允许加在它两端的反向电压的峰值。$U_{RM}$ 一般

为二极管反向击穿电压的一半。在实际选用二极管时，应选择 $U_{RM}$ 大于该电路的最大反向电压值，否则，管子会发生反向击穿甚至损坏。

（6）最高工作频率 $f_M$

最高工作频率是指二极管具有单向导电性的最大工作频率。当工作频率超过 $f_M$ 时，二极管将逐渐失去单向导电性。

# 1.3 特殊二极管

二极管按用途不同被分为普通二极管和特殊二极管。特殊二极管包括稳压二极管、发光二极管、光敏二极管和变容二极管等。为了分析方便，常把二极管的正向导通电压视为 0，即看成短路；反向截止电流视为 0，即看成开路，这就是理想二极管。

## 1.3.1 稳压二极管

稳压二极管简称稳压管，它是用硅材料制成的一种半导体二极管。

**1. 稳压管的稳压作用及其伏安特性**

当二极管两端的反向电压超过反向击穿电压时，流过管子的电流急剧增加，二极管处于反向击穿状态，但只要采取限流措施，就能保证二极管不会发生热击穿而损坏。稳压管的伏安特性如图 1-11a 所示。在反向击穿状态下，流过管子的电流在较大范围内变化时，管子两端的电压基本不变，即它具有稳定直流电压的功能。与普通二极管相比，它具有低压击穿特性，而且击穿后允许流过的电流较大。它的伏安特性和普通二极管类似，但反向击穿部分更陡峭。显然，该部分越陡，同样大的电流变化引起管子两端电压的变化越小，稳压效果越好。稳压管的图形符号及其电路如图 1-11b 和图 1-11c 所示，其中 $R$ 是限流电阻，以免 $I_z$ 过大而烧坏管子。显然稳压管应该工作在反向击穿状态。

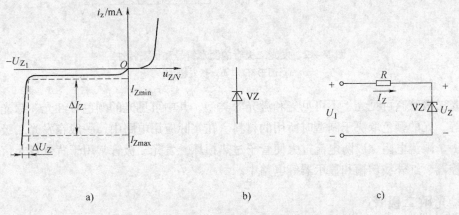

a)                          b)                          c)

图 1-11 稳压管的伏安特性、图形符号及其电路
a）伏安特性 b）图形符号 c）电路

**2. 主要参数**

（1）稳定电压 $U_z$

稳定电压是指稳压管中的电流为规定值时稳压管两端的电压值。由于制造工艺的原因，

同一型号管子的 $U_Z$ 存在较大的分散性。值得注意的是，对一个稳压管来说，某一工作电流时的稳定电压只有一个确定的值。

（2）稳定电流 $I_Z$

稳定电流是指稳压管工作在稳定状态下的工作电流，其范围为 $I_{Zmin} \sim I_{Zmax}$，即在最小稳定电流和最大稳定电流之间。在实际使用中，若 $|I_Z| < |I_{Zmin}|$，则稳压管将失去稳压作用；若 $|I_Z| > |I_{Zmax}|$，则稳压管会因热击穿而损坏。

（3）耗散功率 $P_{ZM}$

耗散功率是指稳压管不产生热击穿所允许耗散功率的最大值，即 $P_{ZM} = U_Z I_{Zmax}$。

（4）动态电阻 $r_Z$

动态电阻是指稳压管工作在稳压状态其两端电压变化量和相应电流变化量之比，即 $r_Z = \Delta U_Z / \Delta I_Z$，$r_Z$ 就是稳压管的交流电阻，其值越小，稳压效果就越好。此外，$r_Z$ 随工作电流的增大而减小。小功率稳压管的 $r_Z$ 为几欧到几十欧。

## 1.3.2　发光二极管

发光二极管简称 LED，是一种利用正偏时 PN 结两侧的多子直接复合释放出光能的光发射器件，它工作在正偏状态，在正向电流达到一定值时就发光。发光二极管的图形符号和伏安特性如图 1-12 所示。可以看出，它的管压降较高，约 1.5～2.2V 左右。正常发光时流过发光二极管的电流称为正向工作电流，一般为几毫安至十几毫安，管子的发光强度基本上与正向电流成线性关系。

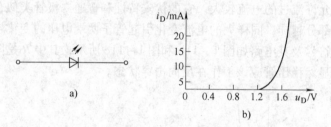

图 1-12　发光二极管的图形符号和伏安特性
a）图形符号　b）伏安特性

发光二极管有可见光、不可见光和激光等类型，其中可见光的颜色有红光、绿光、黄光和橙光等，光的颜色取决于制造时所用的材料。在实际应用电路中，一般在发光二极管电路中串接一个限流电阻，以防电流过大使管子过热损坏。发光二极管常用于背景灯、信号指示灯、遥控器、红外线传输和显示器等电路中。

## 1.3.3　光敏二极管

光敏二极管是利用半导体的光敏特性制成的光接收器件。当光照度 E（单位为 lx）增加时，使 PN 结两侧的少子浓度增加，导致二极管的反向饱和电流增大。光敏二极管的图形符号和伏安特性如图 1-13 所示。

光敏二极管的结构和普通二极管类似，管壳上的一个玻璃窗口能接收外部的光。显然，当它工作在反偏状态、没有光照射时，流过管子的电流很小，此电流称为暗电流；当有光照射时，流过管子的电流会较大，此电流称为光电流。光电流不仅随入射照度的增加而增大，而且与入射光的波长有关。它可用于光的测量，可将光信号转换为电信号。

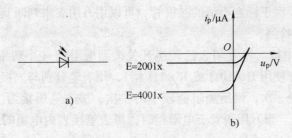

图 1 - 13　光敏二极管的图形符号和伏安特性
a）图形符号　b）伏安特性

### 1.3.4　变容二极管

二极管结电容的大小除了与本身的结构和工艺有关外，还与外加电压有关。结电容随反向电压的增加而减小。变容二极管就是利用 PN 结的电容效应，并采用特殊工艺制成的，使其结电容随反向电压变化比较灵敏的一种特殊二极管。变容二极管的图形符号和特性曲线如图 1 - 14 所示。显然，变容二极管工作在反偏状态。

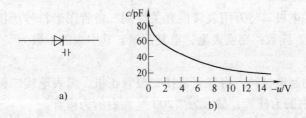

图 1 - 14　变容二极管的图形符号和结电容与反偏电压的关系
a）图形符号　b）特性曲线

不同型号的变容二极管，其电容最大值不同，范围在 5 ~ 300pF。变容二极管的最大电容与最小电容之比（称为电容比）约为 5:1。变容二极管在高频技术中应用较多，因其结电容能随外加的反向偏压而变化，故常被用于调频、扫频及相位控制等电路中。

## 1.4　实训　二极管的识别与检测

**1. 实训目的**
1）能识别常见二极管的型号和极性。
2）掌握用万用表判断二极管极性和质量。
**2. 实训设备**
1）万用表 1 台。
2）二极管若干。
**3. 实训原理**
1）根据外观判断二极管的极性。

二极管的正、负极一般都标注在其外壳上。有时会将二极管的图形符号直接画在其外壳上。若二极管的引线是轴向引出的，则会在其外壳上标出色环（色点）。有色环（色点）的一端为二极管的负极。对于标志不清的二极管，可以用万用表来判断其极性和质量的好坏。

2）用指针万用表检测。

① 判断二极管的电极。将万用表的转换开关拨到电阻档（小功率管使用 R×100Ω 或 R×1 kΩ 档，大功率管使用 R×10Ω 或 R×1Ω 档），用表笔分别与二极管的两极相接，测出电阻；交换表笔再测量一次，则所测阻值较小的一次，黑表笔所接为二极管的正极（此时二极管 PN 结正向偏置。当万用表置于电阻档时，黑表笔接表内电源的正极，红表笔接表内电源的负极）。

② 判断二极管的制造材料。小功率管使用 R×1 kΩ 档，大功率管使用 R×10 Ω 档。将黑表笔接二极管正极，红表笔接二极管负极，指针显示数为偏转满刻度的 3/4 时是锗管，指针显示数为偏转满刻度的 1/2 时是硅管。

③ 判断二极管的质量。用万用表分别与二极管的两极相接，测出正、反向两个电阻值，若两次阻值相差很大，则为好管；若两次阻值都为零，则为内部短路；若两次阻值都为无穷大，则为内部开路；若两次阻值差不多，则是性能变差了。后 3 种情况都说明管子已经损坏。

3）用数字万用表检测。

① 判断二极管的电极。将万用表转换开关拨到二极管图形符号所指档位，用两表笔分别与二极管两极相接，读数；交换表笔，重复测量。其中表的示数为"1"的那次，黑表笔所接为二极管正极。

② 判断二极管的制造材料。将红表笔接二极管正极，黑表笔接二极管负极，数字表的显示数为"600"左右的为硅管，显示为"200"左右的为锗管。

若正、反测量都不符合上述要求，则说明二极管已损坏。

**4. 实训内容与步骤**

1）二极管型号各部分的含义。

查阅资料，并将二极管型号各部分的含义，填入表 1-1 中。

表 1-1　二极管型号各部分含义表

| 型号 | 第一部分 | 第二部分 | 第三部分 | 第四部分 |
| --- | --- | --- | --- | --- |
| 2AP9 | | | | |
| 2CZ12 | | | | |
| 1N4001 | | | | |

2）判断二极管的极性与质量。

用指针万用表判别所给二极管的极性和质量（好坏），将被测二极管的外形画出，标出极性，并测出其正、反向电阻值，然后判断其质量，并将检测结果填入表 1-2 中。

表1-2 二极管极性识别与检测表

| 被测管 | 外形与极性 | 正向电阻 | 反向电阻 | 万用表档位 | 质量 |
|---|---|---|---|---|---|
| 2AP9 | | | | | |
| 2CZ12 | | | | | |
| 1N4001 | | | | | |

**5. 思考题**

1）为什么当用万用表不同电阻档测量二极管的电阻时，会得到不同的电阻值？

2）当检测小功率二极管极性和质量时，万用表的欧姆档倍率为什么不宜选得过低？

# 1.5 晶体管

双极型晶体管，简称晶体管，它是具有两个PN结的半导体器件。

## 1.5.1 晶体管的结构和类型

晶体管按其结构可分为NPN和PNP两类。其对应的结构示意图和图形符号如图1-15所示。

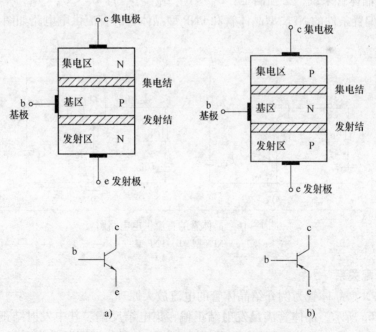

图1-15 晶体管的结构示意图和图形符号

a）NPN型 b）PNP型

如图1-15所示，晶体管内部结构分为发射区、基区和集电区，相应引出的电极分别为发射极e、基极b和集电极c。发射区和基区之间的PN结称为发射结$J_e$，集电区和基区之间的 PN 结称为集电结 $J_c$。在图形符号中，发射极的箭头方向表示晶体管在正常工作时发射极电流流动的实际方向。

晶体管按工作频率不同可分为低频管和高频管；按耗散功率可分为小功率管和大功率管；按所用的半导体材料可分为硅管和锗管；按用途可分为放大管、开关管和功率管等。

目前，我国生产的硅管多为 NPN 型，锗管多为 PNP 型。一般晶体管外形都有 3 个电极，但大功率管有时仅有两个电极引出，第 3 个电极（一般是集电极）是外壳。有些高频管、开关管引出 4 个电极，其中一个电极是接地屏蔽用的。

需要注意的是，晶体管并不是两个 PN 结的简单连接，它的制造工艺特点是基区很薄且杂质浓度低，发射区杂质浓度高，集电结面积大。这是保证晶体管具有电流放大特性的内部条件。

## 1.5.2 晶体管的电流放大特性

### 1. 放大条件

（1）内部条件

晶体管具有电流放大作用的内部条件是前面提到的制造工艺特点。

（2）外部条件

晶体管具有电流放大作用的外部条件是发射结正偏，集电结反偏。

对 NPN 型晶体管来说，必须满足：$U_{BE} > 0$，$U_{BC} < 0$，即 $U_C > U_B > U_E$。

对 PNP 型晶体管来说，必须满足：$U_{BE} < 0$，$U_{BC} > 0$，即 $U_C < U_B < U_E$。

满足上述偏置条件的 NPN 型晶体管和 PNP 型晶体管的直流供电电路如图 1-16 所示。

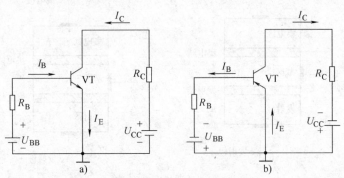

图 1-16 晶体管的直流供电电路图
a）NPN 型 b）PNP 型

### 2. 电流分配关系

下面以 NPN 型晶体管为例介绍晶体管的电流放大原理。

如图 1-16a 所示，晶体管满足发射结正偏，集电结反偏。其中发射结正偏，可使发射区的多子（自由电子）通过 PN 结注入到基区，并从电源负端不断补充电子，形成电流 $I_E$，其中注入到基区的自由电子只有少量与基区的空穴复合（因为基区薄且杂质浓度低）而形成电流 $I_B$，而大量没有复合的电子继续向集电区扩散。由于集电结反偏，所以使集电极电位高于基极电位，于是集电结上有较强的电场，把由发射区注入到基区的自由电子大部分拉到集电区，同时电源正端不断从集电区拉走电子，形成集电极电流 $I_C$。

由 KCL（基尔霍夫电流定律）可知晶体管的电流分配关系为

$$I_E = I_C + I_B$$

由上面分析知

$$I_E > I_C > I_B，\text{且} \ I_C \approx I_E$$

对于某个指定的晶体管，其 $I_E$、$I_B$ 和 $I_C$ 之间保持一定的比例。定义

$$\bar{\beta} \approx \frac{I_C}{I_B} \qquad \bar{\alpha} \approx \frac{I_C}{I_E}$$

其中，$\bar{\beta}$、$\bar{\alpha}$ 分别为共发射极直流电流放大系数和共基极直流电流放大系数。

在晶体管满足电流放大条件下，若加入交流信号，则定义

$$\beta = \frac{\Delta i_C}{\Delta i_B} \qquad \alpha = \frac{\Delta i_C}{\Delta i_E}$$

其中，$\beta$、$\alpha$ 分别为共发射极交流电流放大系数和共基极交流电流放大系数。

一般情况下，$\bar{\beta} \approx \beta$、$\bar{\alpha} \approx \alpha$，故本书后面不再区分。$\alpha$ 值通常为 $0.95 \sim 0.995$；$\beta$ 通常为 $20 \sim 200$ 或更大。

【例 1 –1】 测得工作在放大状态的晶体管的两个电极的电流如图 1 –17a 所示。

1）求另一个电极电流，并在图中标出实际方向。

2）标出 e、b、c 极，判断该管是 NPN 型还是 PNP 型。

3）估算其 $\beta$ 和 $\alpha$ 值。

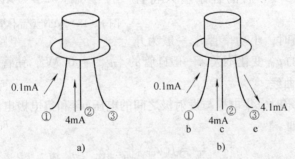

图 1 – 17　在放大状态下晶体管的两个电极电流示意图

a）例 1 –1 图　b）例 1 –1 答案图

解：

1）由于晶体管各电极满足 KCL，即流入管内和流出管外的电流相等，而在图 1 –17a 中，①脚和②脚的电流均流入管内，故③脚电流必然流出管外，且大小为 $0.1 + 4 = 4.1\text{mA}$，③脚电流的大小和方向如图 1 –17b 所示。

2）根据 $I_E > I_C > I_B$ 知，①脚为 b 极，②脚为 c 极，③脚为 e 极。因该管的发射极电流是流出管外的，因此它是 NPN 型管。e、b、c 极标在图 1 –17b 上。

3）由于 $I_B = 0.1\text{mA}$，$I_C = 4\text{mA}$，$I_E = 4.1\text{mA}$，所以

$$\beta \approx \frac{I_C}{I_B} = \frac{4}{0.1} = 40$$

$$\alpha \approx \frac{I_C}{I_E} = \frac{4}{4.1} \approx 0.976$$

### 1.5.3　晶体管的特性曲线

晶体管各电极间电压和各电极电流之间的关系曲线称为晶体管的伏安特性曲线，伏安特性曲线可分为输入特性曲线和输出特性曲线两种。下面介绍常用的 NPN 型晶体管的共射特性曲线。

**1. 共射输入特性曲线**

当集电极与发射极之间的电压 $u_{CE}$ 一定时，基极与发射极之间的电压 $u_{BE}$ 和基极电流 $i_B$ 之间的关系曲线称为输入特性曲线，即

$$i_B = f(u_{BE}) \big|_{u_{CE}=常数}$$

图 1-18 所示为某硅 NPN 管的共射输入特性曲线。由图可以看出：

1）曲线是非线性的，并存在一段死区，当外加 $u_{BE}$ 小于死区电压时，晶体管不能导通，处于截止状态。

2）随着 $u_{CE}$ 的增大，曲线逐渐右移，而在 $u_{CE} \geq 1V$ 以后，各条输入特性曲线密集在一起，几乎重合。因此，只要画出 $u_{CE} = 1V$ 的输入特性曲线，就可代表 $u_{CE} \geq 1V$ 后的各条输入特性曲线。

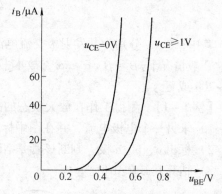

图 1-18　NPN 型晶体管的共射输入特性曲线

3）当晶体管导通时，小功率管 $i_B$ 一般为几十到几百微安，相应的 $u_{BE}$ 变化不大，一般硅管的 $|u_{BE}| \approx 0.7V$，锗管的 $|u_{BE}| \approx 0.2V$。

**2. 共射输出特性曲线**

当基极电流 $i_B$ 一定时，集电极与发射极之间的电压 $u_{CE}$ 和集电极电流 $i_C$ 之间的关系曲线称为输出特性曲线，即

$$i_C = f(u_{CE}) \big|_{i_B=常数}$$

当 $i_B$ 取某个确定值时，就有一条与其对应的输出特性曲线，如图 1-19 所示。

由图可以看出：曲线起始部分较陡，且不同 $i_B$ 曲线的上升部分几乎重合，这表明 $u_{CE}$ 很小时，$u_{CE}$ 略有增大，$i_C$ 就很快增加，但几乎不受 $i_B$ 影响；在 $u_{CE}$ 较大（如大于 1V）后，曲线比较平坦，但略有上翘，这表明 $u_{CE}$ 较大时，$i_C$ 主要取决于 $i_B$，而与 $u_{CE}$ 关系不大；当 $u_{CE}$ 增大到某一值时，管子发生击穿。可以将图 1-19 所示的共射输出特性曲线分为以下 4 个区域：

（1）截止区

通常把 $i_B = 0$ 的输出特性曲线以下的区域称为截止区。其特点是电流很小（近似为零），此时发射结和集电结均反偏（严格说来，对于发

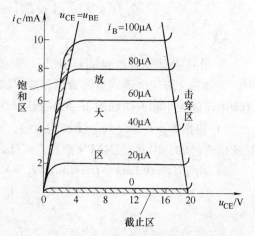

图 1-19　NPN 型晶体管的共射输出特性曲线

射结应该是 $u_{BE} < U_{on}$），晶体管失去放大作用，呈高阻状态，e、b、c 之间可近似看成开路。

（2）放大区

输出特性曲线中的平坦部分（近似水平的直线）称为放大区。在放大区，发射结正偏（严格说来，应是 $u_{BE} > U_{on}$），集电结反偏，此时 $i_C \approx \beta i_B$，受 $i_B$ 控制，与 $u_{CE}$ 基本无关，可以近似看成恒流（恒流特性）。由于 $\Delta i_C \gg \Delta i_B$，所以晶体管具有电流放大的作用。曲线间的间隔大小反映出 $\beta$ 的大小，即管子的电流放大能力。晶体管只有工作在放大区才有放大作用。由于 $i_C$ 受控于 $i_B$，所以晶体管是一种电流控制器件。

（3）饱和区

在输出特性曲线中的 $u_{CE} \leqslant u_{BE}$ 区域，即曲线的上升段组成的区域称为饱和区。该区的发射结和集电结都正偏（严格说来，对于发射结应该是 $u_{BE} > U_{on}$），晶体管失去放大作用，各极之间电压很小，而电流却很大，呈现低阻状态，各极之间可近似看成短路。

饱和时的 $u_{CE}$ 称为饱和压降，用 $U_{CE(sat)}$ 表示。$U_{CE(sat)}$ 很小，小功率硅管 | $U_{CE(sat)}$ | $\approx$ 0.3V，小功率锗管 | $U_{CE(sat)}$ | $\approx 0.1$V，大功率硅管 | $U_{CE(sat)}$ | $>1$V。

（4）击穿区

击穿区位于图 1-19 所示中的右上方，其中 $i_B = 0$ 时的击穿电压 $U_{(BR)CEO}$ 称为基极开路时集-射极间的击穿电压。击穿电压随 $i_B$ 的增大而减小，工作时应避免管子击穿。

在模拟电路中，晶体管工作在放大区；在数字电路中，晶体管工作在截止区和饱和区。在实际工作中，可利用测量晶体管各极之间的电压来判断它的工作状态。小功率 NPN 型晶体管各极电压的典型数据如表 1-3 所示。

表 1-3　小功率 NPN 型晶体管各极电压的典型数据表

| 管　型 | 饱和区 | | 放大区 | 截止区 | | 备　注 |
|---|---|---|---|---|---|---|
| | $U_{BE}$/V | $U_{CE}$/V | $U_{BE}$/V | $U_{BE}$/V | | |
| | | | | 一般 | 可靠截止 | |
| 硅 | 0.7 | 0.3 | 0.7 | <0.5 | 0 | 对于 PNP 型管，相应的各极电压符号相反 |
| 锗 | 0.2 | 0.1 | 0.2 | <0.1 | -0.1 | |

## 1.5.4　晶体管的主要参数

晶体管的参数是用来表征晶体管的性能优劣和适用范围的，由于制造工艺的关系，即使同一型号的管子，其参数的分散性也较大，所以手册上给出的参数仅为一般的典型值，使用时应以实测数据作为依据。下面介绍晶体管的几个主要参数。

**1. 电流放大系数**

这是表征晶体管放大能力的参数，主要有共基极电流放大系数 $\alpha$ 和 $\bar{\alpha}$，共发射极电流放大系数 $\beta$ 和 $\bar{\beta}$（这些参数在前面已经介绍）。$\beta$ 值的大小表示管子放大能力的大小，但并不是 $\beta$ 值大的管子性能就好。由于 $\beta$ 值大的管子温度稳定性较差，所以一般取其值在 20～200 之间。

**2. 极间反向电流**

这是表征晶体管稳定性的参数。由于极间反向电流受温度影响很大，所以其值太大会使管子工作不稳定。

（1）集电极 - 基极反向饱和电流 $I_{CBO}$

$I_{CBO}$ 表示发射极开路时集电结的反向饱和电流。其值一般很小，小功率硅管 $I_{CBO} < 1\mu A$，小功率锗管的 $I_{CBO} < 10\mu A$。$I_{CBO}$ 越小越好。

（2）穿透电流 $I_{CEO}$

$I_{CEO}$ 表示基极开路时集电极和发射极间加上规定电压时的电流。由于 $I_{CEO} = (1 + \beta) I_{CBO}$，所以 $I_{CEO}$ 比 $I_{CBO}$ 大得多。小功率硅管的 $I_{CEO}$ 小于几微安，小功率锗管的 $I_{CEO}$ 可达几十微安以上。$I_{CEO}$ 大的管子性能不稳定。

**3. 极限参数**

这是表征晶体管能安全工作的参数，即管子工作时不能超过的限度。

（1）集电极最大允许电流 $I_{CM}$

由前述可知，$I_C$ 在很大范围内，$\beta$ 值基本不变，但当 $I_C$ 很大时，$\beta$ 值会下降，$I_{CM}$ 是指 $\beta$ 值明显下降时的 $I_C$。当 $I_C > I_{CM}$ 时，管子不一定会损坏，但性能会显著下降。

（2）集电极最大允许功耗 $P_{CM}$

晶体管损耗的功率主要在集电结上，$P_{CM}$ 是指集电结上允许损耗功率的最大值，超过此值将导致管子性能变差或烧毁。集电结损耗的功率转化为热能，使其温度升高，再散发至外部环境，因此某一管子的 $P_{CM}$ 大小与环境温度和散热条件有关。手册上给出的 $P_{CM}$ 值是在常温（25℃）和一定的散热条件下测得的，当晶体管加装散热片时，其值可以提高。

（3）集电极 - 发射极极间击穿电压 $U_{(BR)CEO}$

$U_{(BR)CEO}$ 表示基极开路时，集电极与发射极之间允许的最大电压。使用时不能超过此值，否则将使管子性能变差甚至烧毁。

**【例 1 - 2】** 测得放大电路中的两个晶体管 3 个电极对地电位 $U_1$、$U_2$、$U_3$ 分别为下述数值，试判断它们是硅管还是锗管？是 NPN 型还是 PNP 型？并确定 b、c、e 极。

1）$U_1 = 2.5V$，$U_2 = 6V$，$U_3 = 1.8V$。

2）$U_1 = -6V$，$U_2 = -3V$，$U_3 = -2.8V$。

解：

1）1、3 脚间的电位差 $U_{13} = U_1 - U_3 = 0.7V$，故 1、3 脚间为发射结，则 2 脚为 c 极，该管为硅管。又 $U_2 > U_1 > U_3$，故该管为 NPN 型，且 1 脚为 b 极，3 脚为 e 极。

2）2、3 脚间的电位差 $U_{23} = U_2 - U_3 = 0.2V$，故 2、3 脚间为发射结，则 1 脚为 c 极，该管为锗管。又 $U_1 < U_2 < U_3$，故该管为 PNP 型，且 2 脚为 b 极，3 脚为 e 极。

## 1.5.5 实训 晶体管的识别与检测

**1. 实训目的**

1）识别晶体管的引脚和类型，查阅晶体管的主要参数。

2）掌握用万用表检测晶体管的方法。

**2. 实训设备**

1）万用表 1 台。

2）晶体管若干。

**3. 实训原理**

（1）外形特征

若晶体管的引脚排列成直线，且引脚之间的距离相等，则管壳红点对应的引脚是发射极，中间为集电极，剩下的是基极；若晶体管引脚之间的距离不相等，则中间电极是基极，离基极最近的是发射极，剩下的是集电极。

若晶体管的引脚排成等腰三角形，则三角形的顶点是基极，如在管壳上有红点标志，则对应的引脚是集电极，剩下的是发射极；如在管壳边上有突出标志，则对应的引脚为发射极，剩下的是集电极。

若用色点标志，则红点对应集电极，白点对应基极，绿点对应发射极；若有第4个引脚，则用黑色表示接地极。

也有一些晶体管的引脚不按上述规律排列，则其引脚可用万用表进行简易的测试判断。

（2）万用表的简易测试方法

晶体管实际是两个 PN 结，它的测试等效电路如图 1-20 所示。

1）判断基极和管型。

将万用表置于电阻档（小功率管使用 $R \times 100\Omega$ 或 $R \times 1\ k\Omega$ 档，大功率管使用 $R \times 10\Omega$ 或 $R \times 1\Omega$ 档）。

用万用表的一个表笔（假设红表笔），固定接在晶体管的任一个电极上，用另一个表笔分别接触晶体管的其余两电极，如果万用表的两次读数不一致，就另选一个固定电极，直至万用表的两次读数基本相同（假设同时很小）。然后更换表笔，将万用表的黑表笔固定在该电极，用红表笔接触其余两极，若此时万用表读数与刚才相反（同时均为较大），则此极为基极。

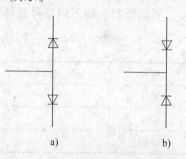

图 1-20　晶体管的测试等效电路图
a）NPN 型　b）PNP 型

将黑表笔接基极，红表笔接其余任一个电极，若所测电阻小（黑表笔所接为 P 区），则管子为 NPN 型，否则为 PNP 型。

2）判断集电极和发射极。

由前述介绍可知，当发射结正偏、集电结反偏时晶体管处于放大区，此时，晶体管的集电极电流较大，发射极和集电极之间的等效电阻较小。

判断集电极和发射极的方法是，用万用表的两个表笔分别接基极以外的两个电极，如果是 NPN 型管，就在基极和黑表笔之间用手跨接一下，记下此时万用表的偏转角度，如图 1-21 所示；然后，再调换表笔，仍然在基极和黑表笔之间用手跨接一下，记下此时万用表的偏转角度。比较两次测量的结果，偏转角度大的那次，黑表笔所接为集电极，剩下的为发射极。若是 PNP 型，则方法类似，只不过是在基极和红表笔之间用手短接一下，且偏转角度大的那次，红表笔所接为集电极。

3）材料判断。

用万用表两个表笔分别接发射极和基极，如指针位置靠近满偏角度的为锗管，指针位置靠近中间位置偏右的为硅管。

4）质量判断。

按上述步骤无法判断其引脚的是坏管。在测试过程中，正向电阻小于几千欧，反向电阻

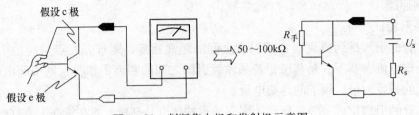

图 1-21　判断集电极和发射极示意图

在几百千欧以上的为质量好的晶体管。

5）测量 $\beta$ 值。

在确定晶体管管型和引脚分布后，将万用表置于 $h_{FE}$ 档，将晶体管 b、c、e 管脚插入面板的对应插孔中，利用表头读数即可。

**4. 实训内容与步骤**

（1）查阅不同型号晶体管的主要参数

查阅资料，将不同型号晶体管的主要参数，填入表 1-4 中。

表 1-4　晶体管的主要参数

| 型号 | 管　型 | $\beta$ 值 | $I_{cm}/mA$ | $P_{cm}/W$ | $U_{(BR)CEO}/V$ |
|------|--------|-----------|-------------|------------|-----------------|
| 9013 | | | | | |
| 9012 | | | | | |
| D880 | | | | | |

（2）晶体管检测

画出晶体管的外形，用万用表判别所给晶体管的管型和各引脚，并判别其好坏，将结果填入表 1-5 中。

表 1-5　晶体管识别与检测表

| 被测管 | 外形（含 b、c、e 引脚的对应位置） | 管型 | $\beta$ 值 | 质量 |
|--------|----------------------------------|------|-----------|------|
| 9013 | | | | |
| 9012 | | | | |
| D880 | | | | |

**5. 思考题**

1）如何从晶体管的外形判断其引脚分布？

2）如何用万用表判断晶体管的引脚分布？

# 1.6　习题

1. 稳压二极管和普通二极管的伏安特性有何区别？二者是否可以互换使用？

2. 温度对二极管的正向特性影响小，对其反向特性影响大，为什么？

3. 常用的特殊二极管有几种？画出它们的符号，并简述其各自的工作状态。

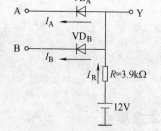

4. 电路如图 1 - 22 所示，$VD_A$ 和 $VD_B$ 均为理想二极管，分别计算在以下 3 种情况下，Y 点的电位及流过 $VD_A$、$VD_B$ 和 $R$ 的电流 $I_A$、$I_B$ 和 $I_R$。

1）$V_A = V_B = 0V$。

2）$V_A = +3V$、$V_B = 0V$。

3）$V_A = V_B = +3V$。

图 1 - 22　习题 4 电路图

5. 如图 1 - 23 所示，$E = 5V$，$u_i = 10\sin\omega t$（V），将二极管看成理想二极管。试画出输出电压 $u_o$ 的波形。

6. 如图 1 - 24 所示，$u_i = 5\sin\omega t$（V），二极管为硅管。试画出输出电压 $u_o$ 的波形。

7. 如图 1 - 25 所示电路，稳压管 $U_Z = 5V$。试分别求出当 $U_S = 8V$ 和 $U_S = 2V$ 时所对应的 $U_o$ 为多少伏？

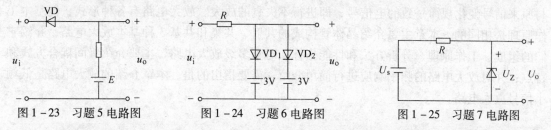

图 1 - 23　习题 5 电路图　　　图 1 - 24　习题 6 电路图　　　图 1 - 25　习题 7 电路图

8. 两只硅稳压管的稳定电压分别为 6V 和 3.2V。若把它们串联起来，则可能得到几种稳定电压？各为多少？若把它们并联起来，则又可能得到几种稳定电压？各为多少？

9. 各晶体管的各个电极对地电压如图 1 - 26 所示。试判断各晶体管处于何种工作状态？（设 PNP 型为锗管，NPN 型为硅管）

10. 测得放大电路中的两个晶体管的 3 个电极对地电压分别为下述数值。试判断它们是硅管还是锗管？是 NPN 型还是 PNP 型？并确定 b、c、e 极。

1）5.8V，6V，2V。

2）-1.5V，-4V，-4.7V。

11. 测得工作在放大状态的某晶体管的两个电极电流如图 1 - 27 所示。

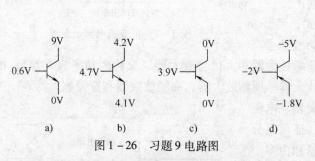

a)　　　　b)　　　　c)　　　　d)

图 1 - 26　习题 9 电路图

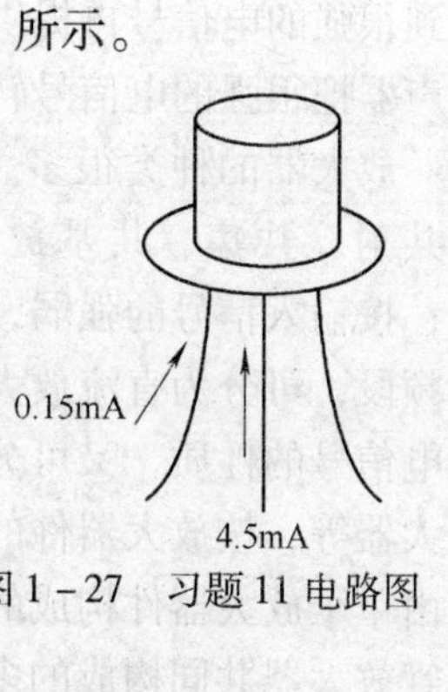

图 1 - 27　习题 11 电路图

1）在图中标出另一个电极的电流方向和大小。

2）判断该管的类型和引脚排列。

3）估算 $\beta$ 值。

# 第 2 章  基本放大电路

**本章要点**

- 放大电路的基本概念
- 放大电路的静态分析和动态分析
- 多级放大电路的分析
- 放大电路的频率响应分析

放大电路又称放大器，其作用是将微弱的电信号（电压或电流）放大成幅度足够大且与原来信号变化规律一致的电信号，即进行不失真的放大。放大电路有各种形式，但基本工作原理是相同的。本章主要介绍晶体管构成的共射、共集和共基 3 种基本放大电路，介绍它们的组成、工作原理、分析方法和性能指标；对于多级放大电路，主要介绍级间耦合方式和特点；并对放大电路的频率响应进行简单介绍。需要指出的是，本章介绍的放大电路是低频小信号放大电路。

## 2.1  放大电路的基本概念

### 2.1.1  基本框图

放大器的作用是将微弱的电信号（电压或电流）放大到足够大的数值后提供给负载。常见的扩音机就是一个典型的放大电路，其示意图如图 2−1 所示。传声器是一个声/电转换器件，它把声音信号转换成微弱的电信号，并作为扩音机的输入信号；该信号被扩音机放大后得到很强的电信号再提供给负载（扬声器），扬声器把很强的电信号转换成洪亮的声音。

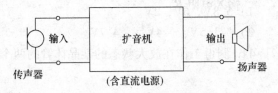

图 2−1  扩音机电路示意图

放大器的种类很多。按电路形式，可分为共射、共集、共基放大器、差动放大器等；按输入信号的强弱，可分为小信号放大器和大信号放大器（又称为功率放大器）；按工作频段，可分为直流放大器、低频放大器、视频放大器、高频放大器和宽带放大器等；按放大电信号的性质，又可分为电压放大器、电流放大器等；按放大器件的数量多少，还可以分为由单个放大器件构成的单管放大器和由多个单管放大器共同构成的多级放大器等。无论哪一种放大电路，其基本框图都与扩音机相似。放大电路的基本框图如图 2−2 所示。

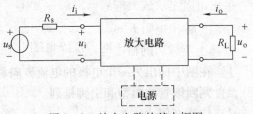

图 2−2  放大电路的基本框图

20

## 2.1.2 主要性能指标

放大电路的性能指标可以衡量其性能的优劣。实际放大电路的输入信号一般都比较复杂，为了分析和测试的方便，在研究放大电路的性能指标时，输入信号都取正弦交流信号。这是由于根据傅氏理论，任何一个实际信号都可以分解为许多不同幅值和不同频率的正弦信号分量，而且正弦信号容易获得，也容易测量。一个放大电路可以用一个有源二端网络来模拟，如图2-3所示。

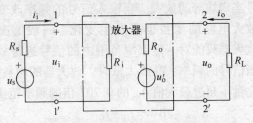

图2-3 放大电路的有源二端网络形式

衡量放大器的主要性能指标有放大倍数、输入电阻、输出电阻、通频带和非线性失真等。

### 1. 放大倍数

放大倍数又称为增益，其定义是输出信号与输入信号的比值，此值越大，说明放大器的放大能力越强。常用的放大倍数主要有：

电压放大倍数

$$A_u = \frac{u_o}{u_i}$$

电流放大倍数

$$A_i = \frac{i_o}{i_i}$$

功率放大倍数

$$A_p = \frac{P_o}{P_i}$$

在工程上常用分贝表示电压放大倍数、电流放大倍数和功率放大倍数，分别简称为电压增益、电流增益和功率增益，用 $A_u$（dB）、$A_i$（dB）和 $A_p$（dB）表示。

$$A_u = 20\lg | A_u |$$
$$A_i = 20\lg | A_i |$$
$$A_p = 10\lg | A_p |$$

### 2. 输入电阻 $R_i$

输入电阻是从放大电路输入端看进去的等效电阻。它定义为输入电压 $u_i$ 与输入电流 $i_i$ 的比值，即

$$R_i = \frac{u_i}{i_i} = \frac{U_i}{I_i}$$

放大器相对于信号源而言，等效于一个阻值为 $R_i$ 的负载。$R_i$ 值越大，放大器从信号源索取的电流就越小，对信号源的影响就越小。

### 3. 输出电阻 $R_o$

输出电阻是从放大电路输出端看进去的等效电阻。放大器相对于负载 $R_L$ 而言等效于一个电压源，输出电阻 $R_o$ 就是这个等效电压源的内阻。$R_o$ 值越小，说明放大器本身的消耗越小，即接上负载后的输出电压下降越小，说明放大器带负载能力越强。

值得注意的是，$R_o$ 并不等于图2-3中的 $u_o$ 与 $i_o$ 之比。在求输出电阻时（如图2-4所示），可先将信号源短路（$u_s = 0$，保留内阻 $R_s$），再将 $R_L$ 开路，然后在输出端加一交流电压 $u$，若输出端的电流为 $i$，则

$$R_o = \frac{u}{i}$$

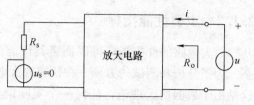

图 2-4　求放大电路输出电阻示意图

**4. 通频带 BW**

任何一个放大器都不可能对所有频率的信号实现均等的放大。当输入信号的频率改变时，放大电路的增益也会发生变化。一般情况下，放大器只能对一定频率范围内的信号进行放大，当信号的频率太高或太低时，放大器的增益会大幅度下降，如图 2-5 所示。把电压增益变化量不超过最大值 $A_{um}$ 的 0.707 倍的频率范围定义为放大器的通频带，常用 BW 表示，即

$$BW = f_H - f_L$$

式中，$f_H$ 称为上限截止频率，$f_L$ 称为下限截止频率。

通频带越宽，放大器对信号频率的适应能力越强。

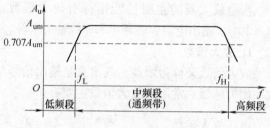

图 2-5　放大器的通频带

**5. 非线性失真**

由于晶体管特性的非线性，放大器输出信号与输入信号比较，在波形上总存在一定程度的畸变，这就是非线性失真，放大器的非线性失真应尽量小。

## 2.2　共射固定偏置基本放大电路

由一个晶体管组成的简单放大电路，称为基本放大电路。这里先介绍共发射极放大电路中的一种，即共射固定偏置基本放大电路。

### 2.2.1　电路组成与工作原理

**1. 电路组成**

共射固定偏置基本放大电路如图 2-6 所示。

图中所示的 VT 是 NPN 型晶体管，起电流放大作用，是整个电路的核心器件；集电极电源 $U_{CC}$ 的作用是通过基极偏置电阻 $R_B$ 和集电极电阻 $R_C$，保证晶体管实现发射结正偏、集电结反偏的放大条件（在 $R_C \ll R_B$ 的条件下）；若该管改成 PNP 型，则集电极电源 $U_{CC}$ 的极性应与图中所示的相反。基极偏置电阻 $R_B$ 的作用是与电源 $U_{CC}$ 一起保证发射结正偏，并给基极提供合适的偏置电流 $I_B$；集电极电阻 $R_C$ 的作用是与电源 $+U_{CC}$ 一起

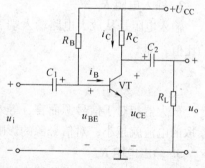

图 2-6　共射固定偏置放大电路

保证集电结反偏，并将集电极电流的变化转换成电压输出（若 $R_C = 0$，则集电极的电压恒等于 $U_{CC}$，输出电压变化量为零，电路失去电压放大作用）；输入电容 $C_1$ 和输出电容 $C_2$ 的作用是传送交流信号和隔离直流信号，其容量应足够大，通常选电解电容。符号 "$\perp$" 表示公共接地端，即为参考零电位。

### 2. 工作原理

交流信号 $u_i$ 从基极输入，由于晶体管电路从输入端看进去等效于一个电阻，所以产生基极变化电流 $i_b$。由于晶体管处于放大状态，所以集电极电流的变化是基极电流变化的 $\beta$ 倍（$i_c = \beta i_b$），再利用集电极电阻 $R_C$，就将放大了的电流转换成放大了的电压输出。

放大电路的一个重要特点是交、直流并存，而静态（电路）分析的对象是直流量，动态（电路）分析的对象是交流量。下面分别进行静态分析和动态分析。

## 2.2.2 静态分析

### 1. 直流通路

在未加输入信号（即 $u_i = 0V$）时放大电路的工作状态叫静态。此时，晶体管各引脚的电压、电流值就是静态值，对应特性曲线上确定的点称为静态工作点，用下脚标 Q 表示（也称为 Q 点）。静态工作点一般指静态时的基极偏置电流 $I_{BQ}$、集电极电流 $I_{CQ}$、基极与发射极之间的电压 $U_{BEQ}$ 和集电极与发射极之间的电压 $U_{CEQ}$，这些值都是确定的直流量。

静态情况下放大电路各电流的通路称为放大电路的直流通路，其具体画法是，大电容看成开路，大电感看成短路。图 2-6 所示电路对应的直流通路如图 2-7 所示。

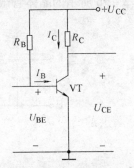

### 2. Q 点的计算

根据直流通路，可对放大电路的静态点进行如下估算，即

$$I_{BQ} = \frac{U_{CC} - U_{BEQ}}{R_B} \approx \frac{U_{CC}}{R_B}$$

$$I_{CQ} = \beta I_{BQ}$$

$$U_{CEQ} = U_{CC} - I_{CQ}R_C$$

图 2-7　图 2-6 所示电路对应的直流通路

可见，这个电路的偏流 $I_{BQ}$ 取决于 $U_{CC}$ 与 $R_B$。当 $U_{CC}$ 一定时，偏流 $I_{BQ}$ 由 $R_B$ 决定；当 $U_{CC}$ 和 $R_B$ 都一定时，偏流 $I_{BQ}$ 就固定了。因此，这种电路称为固定偏流电路，也叫固定偏置电路，$R_B$ 称为基极偏置电阻。

由于小信号放大电路中 $u_{BE}$ 变化不大，所以可以认为它是已知的。硅管的 | $u_{BE}$ | $\approx$ 0.7V，锗管的 | $u_{BE}$ | $\approx$ 0.3V。

## 2.2.3 动态分析

### 1. 交流通路

当有输入信号作用时，放大电路中的电流和电压随输入信号进行相应变化，称为放大电路处于交流工作状态或动态。把电路在只考虑交流信号时所形成的电流通路称为交流通路。其具体画法是，将大电容看成短路（因大电容容抗很小），大电感看成开路（因大电感感抗很大），直流电源看成短路（因其电压变化量为零）。图 2-6 所示电路对应的交流通路如图 2-8 所示。

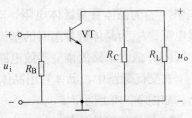

图 2-8　图 2-6 所示电路对应的交流通路

**2. 微变等效电路**

微变是指微小变化的信号，即小信号。晶体管放大器是非线性电路，但在低频小信号的条件下，工作在放大区的晶体管的电压、电流变化很小，晶体管在工作点附近的特性可近似看成线性的。这时，具有非线性的晶体管可用一个线性电路来代替，并称为微变等效电路，整个放大电路就变成了一个线性电路。利用线性电路的分析方法，便可对放大电路进行动态分析，求出它的主要性能指标。

（1）晶体管的微变等效电路

共射接法的晶体管电路如图 2-9a 所示。工作在放大区的共射接法的晶体管，其输入电流 $i_b$ 主要取决于输入电压 $u_{be}$，故从输入端 b、e 极看进去，管子可以等效成一个电阻 $r_{be}$（$r_{be} = u_{be}/i_b$）。其输出电流 $i_c$ 主要取决于 $i_b$，而与输出电压 $u_{ce}$ 基本无关，故从输出端 c、e 看进去，管子可以等效成一个受控电流源 $i_c$（$i_c = \beta i_b$）。根据上述分析，可以画出如图 2-9b 所示的晶体管微变等效电路（这里忽略 $u_{ce}$ 对 $i_c$ 的影响）。

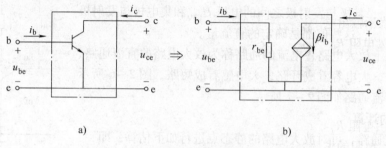

a)                                    b)

图 2-9 共射接法晶体管及其微变等效电路
a）共射接法的晶体管电路 b）晶体管微变等效电路

**注意：**

1）$\beta i_b$ 不是真实存在的独立电流源，而是从电路分析的角度虚拟出来的，它反映晶体管的电流控制作用。电流源 $\beta i_b$ 的流向必须与 $i_b$ 的流向相对应。

2）等效电路的对象是变化量，因此等效电路只能解决交流分量的分析和计算问题。

3）上述分析忽略了 PN 结的结电容，因此微变等效电路仅限于低频时使用。

（2）$r_{be}$ 的计算

常温下，对于一般的低频小功率晶体管，$r_{be}$ 可以由下面公式来估算，即

$$r_{be} = r_{bb'} + (1 + \beta)\frac{26\text{mV}}{I_{EQ}} \approx 300 + (1 + \beta)\frac{26\text{mV}}{I_{EQ}} = 300 + \frac{26\text{mV}}{I_{BQ}}$$

式中，$r_{bb'}$ 为晶体管基区体电阻，对于小功率管，$r_{bb'}$ 约为 300Ω；$I_{EQ}$ 为晶体管静态时的发射极电流，$I_{BQ}$ 为晶体管静态时的基极电流，26mV 是温度电压当量在室温时的数值。

（3）放大电路的微变等效电路

在交流通路中，晶体管用晶体管的微变等效电路来代替，就得到放大电路的微变等效电路，如图 2-10 所示。

**3. 性能指标的估算**

（1）电压放大倍数 $A_u$

由图 2-10 所示基本放大器的微变等效电路可得

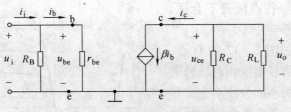

图 2-10　放大电路的微变等效电路

$$u_{o} = -i_{c}(R_{C} /\!/ R_{L}) = -i_{c} R_{L}' = -\beta i_{b} R_{L}'$$

式中，$R_{L}' = R_{C} /\!/ R_{L}$，称为放大器的交流负载电阻。

$$u_{i} = i_{b} r_{be}$$

所以

$$A_{u} = \frac{u_{o}}{u_{i}} = \frac{-\beta i_{b} R_{L}'}{i_{b} r_{be}} = -\frac{\beta R_{L}'}{r_{be}}$$

式中，负号表示输出电压与输入电压反相。

（2）输入电阻 $R_{i}$

由图 2-10 得 $u_{i} = i_{i} (R_{B} /\!/ r_{be})$，考虑到 $R_{B} \gg r_{be}$，所以输入电阻

$$R_{i} = \frac{u_{i}}{i_{i}} = R_{B} /\!/ r_{be} \approx r_{be}$$

（3）输出电阻 $R_{o}$

根据输出电阻的求法，在微变等效电路中，$u_{i} = 0$，去掉 $R_{L}$，并在输出端加一信号电压 $u$，$u$ 引起输出端的电流为 $i$。求输出电阻的等效电路如图 2-11 所示。由该图可以看出，由于 $u_{i} = 0$，则 $i_{b} = 0$，所以 $i_{c} = \beta i_{b} = 0$。受控电流源相当于开路，于是 $u = iR_{C}$，则

$$R_{o} = \frac{u}{i} = R_{c}$$

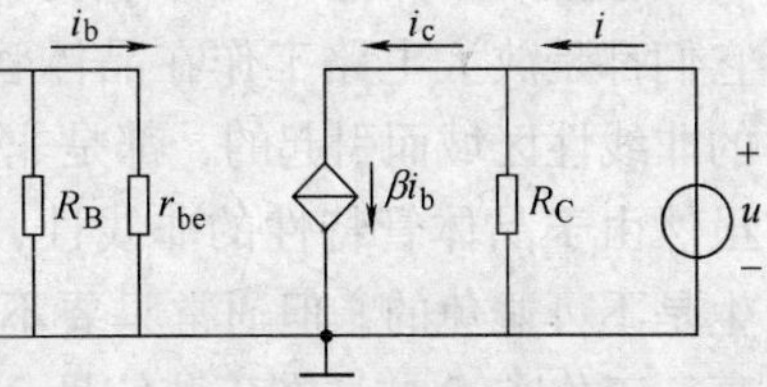

图 2-11　求输出电阻的等效电路

### 4. 静态工作点对波形的影响

（1）交流负载线

由如图 2-8 所示的交流通路可见，集电极电流 $i_{c}$ 流过 $R_{C}$ 与 $R_{L}$ 并联后的等效电阻 $R_{L}'$，（$R_{L}' = R_{C} /\!/ R_{L}$）。显然，$R_{L}'$ 为输出回路中交流通路的负载电阻，因此称为放大电路的交流负载电阻。由图可得 $u_{ce} = -i_{c} R_{L}'$，而 $u_{ce} = u_{CE} - U_{CE}$，$i_{c} = i_{C} - I_{C}$，于是有

$$u_{CE} - U_{CE} = -(i_{C} - I_{C}) R_{L}'$$

上式表明，动态时 $i_{C}$ 与 $u_{CE}$ 的关系为一直线，这条直线通过工作点 Q（$U_{CEQ}$，$I_{CQ}$）。该直线称为交流负载线，为如图 2-12 所示的直线部分。

在输入信号 $u_{i}$ 的作用下，$i_{B}$、$i_{C}$ 和 $u_{CE}$ 都随着 $u_{i}$ 而变化，此时工作点 Q 将沿着交流负载线移动，称为动态工作点，因此交流负载线是动态工作点移动的轨迹，它反映了交、直流共存的情况。

（2）静态工作点对波形的影响

在放大电路中放大的对象是交流信号，但它只有叠加在一定的直流分量基础上才能正常

25

放大，否则，若静态工作点位置不合适，则输出信号的波形将产生失真。

若工作点太低，如图 2 - 12 的 Q 点，由于接近截止区，当信号幅度相对比较大时，输入电压负半周的一部分使动态工作点进入截止区，于是，集电极电流的负半周和输出电压的正半周被削去相应部分，如图中 $i_C$ 和 $u_{CE}$ 所示。这种由于工作点偏低使晶体管在部分时间内截止而引起的失真，称为截止失真。

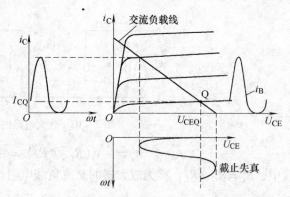

图 2 - 12 静态工作点太低对波形的影响（截止失真）

若工作点太高，如图 2 - 13 的 Q 点，由于接近饱和区，当信号幅度相对比较大时，输入电压正半周的一部分使动态工作点进入饱和区，于是，集电极电流的正半周和输出电压的负半周被削去相应部分，如图中 $i_C$ 和 $u_{CE}$ 所示。这种由于工作点偏高使晶体管在部分时间内饱和而引起的失真，称为饱和失真。

截止失真和饱和失真统称为平顶失真，它们都是放大电路工作在晶体管特性曲线的非线性区域而引起的，都是非线性失真。虽然由于晶体管特性的非线性，失真的产

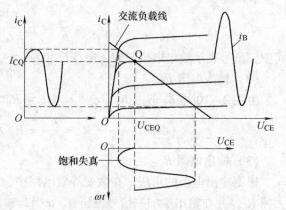

图 2 - 13 静态工作点太高对波形的影响（饱和失真）

生是不可避免的，但通常只要不出现平顶失真就可看成基本不失真。为了避免产生平顶失真，工作点 Q 应选在正弦信号全周期内，使晶体管均工作在放大区。在满足不失真的前提下，Q 点越低越好，因为对应静态损耗的功率越小。

【例 2 - 1】 电路原理图如图 2 - 14a 所示，晶体管 VT 的 $U_{BE} = 0.7V$，$\beta = 50$，$r_{bb'} = 100\Omega$，$R_B = 510k\Omega$，$R_C = 4k\Omega$，$R_E = 1k\Omega$，$R_L = 4k\Omega$，$U_{CC} = 12V$。求：1）静态工作点；2）电压放大倍数 $A_u$、输入电阻 $R_i$ 和输出电阻 $R_o$。

解：

1）用近似法求静态工作点。

由于电路简单，所以直接在原理图上计算。在直流的基极回路上列方程得

$$I_{BQ}R_B + U_{BEQ} + I_{EQ}R_E = U_{CC}$$

又 $I_{EQ} = (1 + \beta) I_{BQ}$，代入上式可得

$$I_{BQ} = \frac{U_{CC} - U_{BEQ}}{R_B + (1 + \beta)R_E} = \frac{12 - 0.7}{510 + 51 \times 1} = 20 \times 10^{-3} = 20\mu A$$

所以有

$$I_{CQ} = \beta I_{BQ} = 50 \times 20\mu A = 1mA$$

在直流的集电极回路上列方程得

$$I_{CQ}R_C + U_{CEQ} + I_{EQ}R_E = U_{CC}$$

26

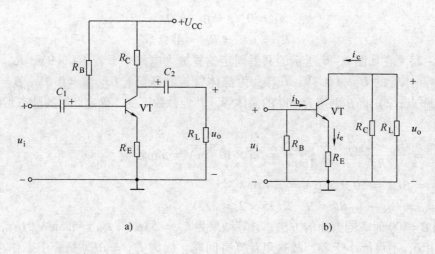

a)                                      b)

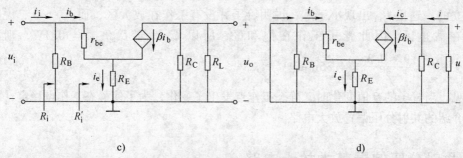

c)                                      d)

图 2-14  例 2-1 电路图

a) 原理图  b) 交流通路  c) 微变等效电路  d) 求输出电阻 $R_o$ 的等效电路

又 $I_{CQ} \approx I_{EQ}$，则

$$U_{CEQ} \approx U_{CC} - I_{CQ}(R_C + R_E) = 12 - 1 \times (4 + 1) = 7V$$

2）画出放大电路的交流通路和微变等效电路，分别如图 2-14b 和图 2-14c 所示。

$$r_{be} = r_{bb'} + \frac{26}{I_{BQ}} = 100 + \frac{26}{20 \times 10^{-3}} = 1400\Omega = 1.4k\Omega$$

由图 1-14c 得

$$u_i = i_b r_{be} + i_e R_E = i_b[r_{be} + (1 + \beta)R_E]$$
$$u_o = -i_c(R_C /\!/ R_L) = -\beta R_L' i_b$$

式中，$R_L' = R_C /\!/ R_L$，所以

$$A_u = \frac{u_o}{u_i} = \frac{-\beta R_L'}{r_{be} + (1 + \beta)R_E} = \frac{-50 \times 2}{1.4 + 51 \times 1} \approx -1.9$$

又

$$R_i' = \frac{u_i}{i_b} = r_{be} + (1 + \beta)R_E = 1.4 + 51 \times 1 = 52.4k\Omega$$

所以

$$R_i = R_B /\!/ R_i' = R_B /\!/ [r_{be} + (1 + \beta)R_E] = \frac{510 \times 52.4}{510 + 52.4} \approx 47.5k\Omega$$

求输出电阻 $R_o$ 的等效电路如图 2-14d 所示。由图可得 $i_b r_{be} + i_e R_E = 0$，即

$$i_b[r_{be} + (1 + \beta)R_E] = 0$$

所以 $\qquad i_b = 0, i_c = \beta i_b = 0$

则 $\qquad R_o = u/i = R_C = 4\text{k}\Omega$

**【例 2 - 2】** 在如图 2 - 6 所示的共射固定偏置放大电路中，若 $U_{CC} = 9\text{V}$，$R_B = 150\text{k}\Omega$，$R_C = 2\text{k}\Omega$，晶体管的 $U_{BE} = 0.7\text{V}$，$U_{CE(sat)}$ 为晶体管饱和压降，$U_{CE(sat)} = 0.3\text{V}$，$\beta = 50$。求：1）静态工作点；2）将 $\beta$ 更换为 100 的晶体管，其他参数不变，确定此时的静态工作点。

解：

1）$I_{BQ} = \dfrac{U_{CC} - U_{BEQ}}{R_B} = \dfrac{9 - 0.7}{150} = 55 \times 10^{-3}\text{mA} = 55\mu\text{A}$

$I_{CQ} = \beta I_{BQ} = 50 \times 55\mu\text{A} = 2.75\text{mA}$

$U_{CEQ} = U_{CC} - I_{CQ}R_C = 9 - 2.75 \times 2 = 3.5\text{V}$

2）当 $\beta = 100$ 时，同上面的方法，计算结果为 $I_{BQ} = 55\mu\text{A}$，$I_{CQ} = 5.5\text{mA}$，$U_{CEQ} = -2\text{V}$，可是实际中 $U_{CE}$ 不可能小于零，故这里计算有问题，因为 $I_{CQ} = \beta I_{BQ}$ 是管子工作在放大区时才成立的，这里 $U_{CE}$ 出现小于零，说明管子并没有工作在放大区，而 $I_{BQ} > 0$，说明管子也不是在截止区，因此管子工作在饱和区。所以 $U_{CEQ} = U_{CE(sat)} = 0.3\text{V}$，则 $I_{CQ} = \dfrac{U_{CC} - U_{CE(sat)}}{R_C} = \dfrac{9 - 0.3}{2} = 4.35\text{mA}$。

可见，当管子的 $\beta$ 值变化时，静态工作点发生了变化，为了使静态工作点稳定，可以采用下面介绍的共射分压偏置放大电路。

## 2.3 共射分压偏置基本放大电路

为了稳定静态工作点，最简单的办法就是保证环境温度不变，但代价太高，很少用。一般是对电路进行改进，而分压式偏置电路就具有稳定工作点的作用。

### 2.3.1 电路组成

共射分压偏置基本放大电路如图 2 - 15 所示。

图中 $R_{B1}$、$R_{B2}$ 分别称为上偏置电阻和下偏置电阻，其作用是使基极电位稳定。$R_E$、$C_E$ 是发射极电阻与电容，引入直流负反馈，稳定 $I_{CQ}$（将在下节静态分析中说明）。其他元器件的作用与共射固定偏置放大器的作用一致。

### 2.3.2 静态分析

**1. 直流通路**

在图 2 - 15 中，电容 $C_1$、$C_2$、$C_E$ 可看成开路，其他部分保持不变，就得到该放大器的直流通路，如图 2 - 16 所示。

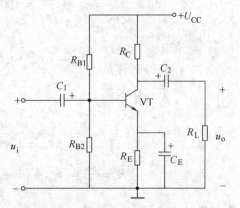

图 2 - 15 共射分压偏置基本放大电路

## 2. Q 点的计算

根据直流通路，可对放大电路的静态进行估算：

选择合适的 $R_{B1}$、$R_{B2}$，使 $I_{BQ} \ll I_1$，则

$$U_{BQ} \approx \frac{R_{B2}}{R_{B1} + R_{B2}} U_{CC}$$

该电路的基极偏置回路为 $U_{BQ} \rightarrow$ 基极 $\rightarrow$ 发射极 $\rightarrow R_E \rightarrow$ 地，即

$$U_{BQ} = I_{EQ} R_E + U_{BEQ}$$

则

$$I_{CQ} \approx I_{EQ} = \frac{U_{BQ} - U_{BEQ}}{R_E}$$

$$I_{BQ} = \frac{I_{CQ}}{\beta}$$

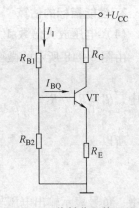

图 2-16 共射分压偏置基本
放大电路的直流通路

该电路的集电极输出直流通路为 $U_{CC} \rightarrow R_C \rightarrow$ 集电极 $\rightarrow$ 发射极 $\rightarrow R_E \rightarrow$ 地，即

$$U_{CC} = I_{CQ} R_C + U_{CEQ} + I_{EQ} R_E$$

则

$$U_{CEQ} = U_{CC} - I_{CQ} R_C - I_{EQ} R_E \approx U_{CC} - I_{CQ}(R_C + R_E)$$

## 3. 稳定静态工作点原理

影响静态工作点的因素很多，最主要的是环境温度变化的影响。若温度升高使 $I_C$ 增大，则 $I_E$ 也增大，发射极电位 $U_E = I_E R_E$ 升高。又因为 $U_{BE} = U_B - U_E$，如前所述，$U_B$ 基本不变，则 $U_{BE}$ 减小，$I_B$ 也减小，于是限制了 $I_C$ 的增大，最终结果使 $I_C$ 基本不变。上述稳定过程为
温度 $\uparrow \rightarrow I_C \uparrow \rightarrow I_E \uparrow \rightarrow U_E = I_E R_E \uparrow \rightarrow U_{BE} \downarrow \rightarrow I_B \downarrow \rightarrow I_C \downarrow$。

这样，温度升高引起的 $I_C$ 增大，将被电路自身调节造成的 $I_C$ 减小所牵制，最终使 $I_C$ 基本不变，达到稳定静态工作点的目的。

## 2.3.3 动态分析

### 1. 交流通路和微变等效电路

在图 2-15 中，将电容 $C_1$、$C_2$、$C_E$ 看成短路，直流电源 $U_{CC}$ 看成短路接地，其他部分保持不变，就得到该放大器的交流通路，如图 2-17 所示。在交流通路中，晶体管用晶体管的微变等效电路替代，就得到该电路的微变等效电路，如图 2-18 所示。

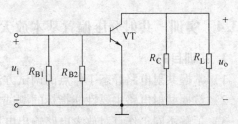

图 2-17 共射分压偏置基本放大电路的交流通路

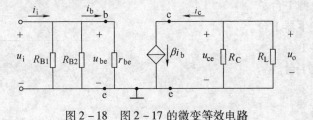

图 2-18 图 2-17 的微变等效电路

29

**2. 性能指标的估算**

（1）电压放大倍数 $A_u$

由图 2 – 18 所示的微变等效电路可得

$$u_o = -i_c(R_C /\!/ R_L) = -i_c R_L' = -\beta i_b R_L'$$

式中，$R_L' = R_C /\!/ R_L$。

$$u_i = i_b r_{be}$$

所以

$$A_u = \frac{u_o}{u_i} = \frac{-\beta i_b R_L'}{i_b r_{be}} = -\frac{\beta R_L'}{r_{be}}$$

式中，负号表示输出电压与输入电压反相。

（2）输入电阻 $R_i$

由图得 $u_i = i_i(R_{B1} /\!/ R_{B2} /\!/ r_{be})$，考虑到 $R_{B1} /\!/ R_{B2} \gg r_{be}$，所以输入电阻

$$R_i = \frac{u_i}{i_i} = R_{B1} /\!/ R_{B2} /\!/ r_{be} \approx r_{be}$$

（3）输出电阻 $R_o$

方法同共射固定偏置放大电路，可以求得

$$R_o = R_C$$

**3. 无发射极旁路电容 $C_E$ 的动态分析**

当 $R_E$ 不并联 $C_E$ 时，画出其微变等效电路如图 2 – 19 所示。图中 $R_B = R_{B1} /\!/ R_{B2}$。显然，它与【例 2 – 1】的电路形式相同，故可以直接引用该例题的结果。

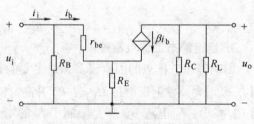

图 2 – 19　无 $C_E$ 的微变等效电路

$$A_u = \frac{u_o}{u_i} = \frac{-\beta R_L'}{r_{be} + (1+\beta)R_E}$$

$$R_i = R_B /\!/ R_i' = R_{B1} /\!/ R_{B2} /\!/ [r_{be} + (1+\beta)R_E]$$

$$R_o = R_C$$

## 2.3.4　实训　共射分压偏置基本放大电路调试

**1. 实训目的**

1）掌握共射电路静态工作点的调试方法。

2）掌握共射电路主要性能指标的测试方法。

3）了解不同工作点对放大电路输出电压的影响。

**2. 实训器材**

1）直流稳压电源 1 台。

2）低频信号发生器 1 台。

3）双踪示波器 1 台。

4）交流毫伏表 1 台。

5）万用表 1 台。

6）电路板 1 块。

### 3. 实训电路与原理

本实训共射分压偏置放大电路如图 2-20 所示。它具有稳定静态工作点的优点。静态工作点由 $U_{BQ}$ 决定，因此，改变 RP 的大小可以改变静态工作点。

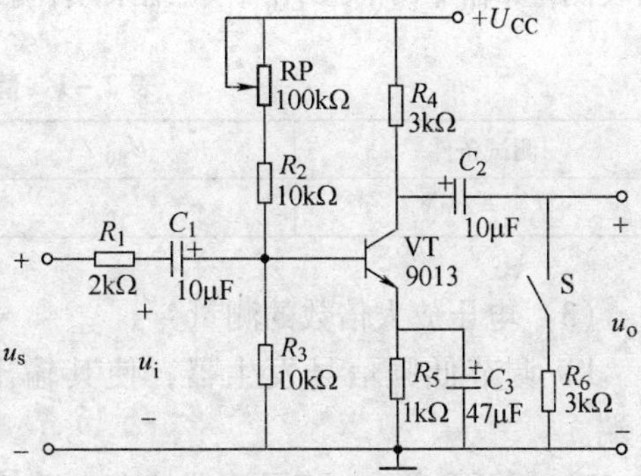

（1）静态工作点

$$I_{CQ} \approx I_{EQ} = \frac{U_{EQ}}{R_5} \qquad I_{BQ} = \frac{I_{CQ}}{\beta}$$

$$U_{CEQ} \approx U_{CC} - I_{CQ}(R_4 + R_5)$$

（2）输入电阻 $R_i$

输入电阻 $R_i$ 的测量是通过测量信号源电压 $u_s$ 和输入电压 $u_i$ 得到的，其测试原理图如图 2-21 所示。

$$R_i = \frac{U_i}{I_i} \qquad I_i = \frac{U_s - U_i}{R_s}$$

$$R_i = \frac{U_i}{\dfrac{U_s - U_i}{R_s}} = \frac{U_i}{U_s - U_i} R_s \tag{2-1}$$

图 2-20 共射分压偏置放大电路图

（3）输出电阻 $R_o$

输出电阻 $R_o$ 的测量是通过测量放大器空载时的输出电压 $U_o$ 和带载时的输出电压 $U_{oL}$ 得到的，其测试原理图如图 2-22 所示。

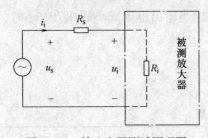

图 2-21 输入电阻测试原理图

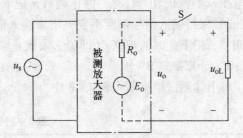

图 2-22 输出电阻测试原理图

$$R_o = \frac{E_o - U_{oL}}{I_o}(I_o \text{ 为负载上的电流})$$

当负载开路时，有 $E_o = U_o$

则

$$R_o = \frac{E_o - U_{oL}}{I_o} = \left(\frac{U_o}{U_{oL}} - 1\right)R_L \tag{2-2}$$

### 4. 实训内容与步骤

（1）电路制作

按照图 2-20 将所有元器件正确焊接在电路板上。

（2）调试静态工作点

1）调节直流稳压电源的输出为 12V，接到实验电路的 $U_{CC}$ 和地之间。

2）按 $I_{CQ} = 2\text{mA}$ 调试，用万用表监测 $U_{EQ}$，调节 RP 使 $U_{EQ} = 2\text{V}$。保持 RP 不变，用万

用表测量 $U_{BQ}$、$U_{CQ}$、$U_{CEQ}$，将结果填在表 2-1 中。

表 2-1　静态工作点实测数据表

| 测试条件 | $U_{BQ}$ /V | $U_{CQ}$ /V | $U_{CEQ}$ /V |
|---|---|---|---|
| $I_{CQ}=2mA$ | | | |

（3）电压放大倍数的测量

1）调节低频信号发生器，使其输出 10mV、1kHz 的正弦波电压，接到实验电路的 $u_s$ 端。

2）断开开关 S，将示波器接在电路输出端观察波形，此时波形应不失真，用交流毫伏表测出 $u_i$ 和 $u_o$；接通开关 S，再测出 $u_i$ 和 $u_o$，将结果填在表 2-2 中，并分别计算出空载和带载电压放大倍数。

表 2-2　电压放大倍数测量表

| 测试条件 | $u_i$/mV | $u_o$/mV | $A_u=u_o/u_i$ |
|---|---|---|---|
| 空载 | | | |
| 带载 | | | |

（4）通频带的测试

1）在测出上述输出电压 $u_o$ 以后，保持输入信号幅度不变，减小输入信号的频率，当输出电压减小到 0.707 $u_o$ 时，停止调节，记下此时的频率 $f$（即为下限截止频率 $f_L$）。

2）保持输入信号幅度不变，增加输入信号的频率，当输出电压减小到 0.707 $u_o$ 时，停止调节，记下此时的频率 $f$（即为上限截止频率 $f_H$）。

3）计算带宽 BW。

将上述测试结果填入表 2-3 中。

表 2-3　通频带测试表

| | $f_L$/kHz | $f=1kHz$ | $f_H$/kHz | $BW=f_H-f_L$ |
|---|---|---|---|---|
| 输出电压/V | 0.707$u_o$= | $u_o$= | 0.707$u_o$= | |
| $f$ | | 1kHz | | |

（5）放大器的输入电阻 $R_i$ 和输出电阻 $R_o$

1）断开开关 S，在输出波形不失真的条件下，用交流毫伏表测出 $u_i$ 和 $u_s$，根据式（2-1）（$R_1$ 相当于电阻 $R_s$）算出输入电阻 $R_i$ = ＿＿＿＿＿＿。

2）将信号从电路的 $u_i$ 输入，在输出波形不失真的条件下，用交流毫伏表分别测出断开开关 S 和接通开关 S 时的输出电压 $u_o$ 和 $u_{oL}$，根据式（2-2）（$R_6$ 相当于负载电阻 $R_L$）算出输出电阻 $R_o$ = ＿＿＿＿＿＿。

（6）观察静态工作点对输出波形的影响

1）保持输入信号为 10mV、1kHz，用示波器观察此时的输出波形，再逐步加大输入信号幅度，使输出幅度足够大但不失真。

2）减小 RP，直至输出波形出现失真。

3）增加 RP，直至输出波形出现失真。

将失真波形分别绘制在图 2-23 中，并说明是什么失真？

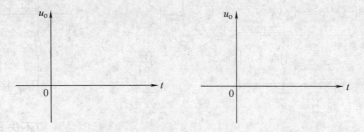

减少 RP，Q 点太 ___，为 ___ 失真。　增大 RP，Q 点太 ___，为 ___ 失真。

图 2-23　绘制波形

**5. 思考题**

1）在本实验电路中，哪些元件决定电路的静态工作点？

2）能否用万用表测量 $u_i$ 和 $u_o$，为什么？

3）共射放大器的输入与输出电压的相位有什么关系？

4）当负载电阻 $R_6$ 变化时，对放大器的静态工作点有无影响？对放大倍数有无影响？为什么？

## 2.4　共集电路

放大电路的基本组态有 3 种，前面介绍的是共射组态，在许多场合还会遇到共集电极和共基极放大器。本节将介绍共集电极放大电路（简称共集电路）。

### 2.4.1　共集电路分析

共集电路如图 2-24a 所示。图中 $R_B$ 为基极偏置电阻；$R_E$ 为发射极电阻；$C_1$、$C_2$ 分别为输入、输出电容。由于负载电阻接在发射极上，信号从发射极输出，所以又称为"射极输出器"。

**1. 静态分析**

共集电路的直流通路如图 2-24b 所示。由基极偏置回路方程得

$$U_{CC} = I_{BQ}R_B + U_{BEQ} + I_{EQ}R_E$$

又　　　　　　　　$$I_{EQ} = I_{BQ} + I_{CQ} = (1 + \beta) I_{BQ}$$

所以　　　　　　　　$$I_{BQ} = \frac{U_{CC} - U_{BEQ}}{R_B + (1 + \beta)R_E}$$

$$I_{CQ} = \beta I_{BQ}$$

$$U_{CEQ} = U_{CC} - I_{EQ}R_E \approx U_{CC} - I_{CQ}R_E$$

注：在熟悉以后，就不必画出直流通路，可直接根据原理图进行静态分析。

**2. 动态分析**

共集电路的交流通路和微变等效电路如图 2-24c 和图 2-24d 所示。

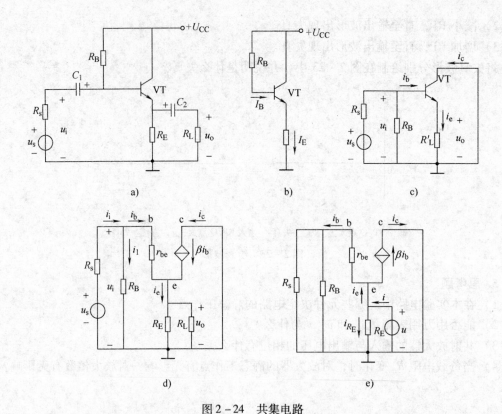

图 2 - 24  共集电路

a) 原理图  b) 直流通路  c) 交流通路  d) 微变等效电路  e) 求 $R_o$ 的等效电路

（1）电压放大倍数 $A_u$

由图 2 - 24d 所示的微变等效电路，设 $R'_L = R_E \mathbin{/\mkern-6mu/} R_L$，可得

$$u_o = i_e R'_L = (1 + \beta) i_b R'_L$$
$$u_i = i_b r_{be} + u_o = i_b r_{be} + (1 + \beta) i_b R'_L$$

由 $\beta \gg 1$ 得

$$A_u = \frac{u_o}{u_i} = \frac{(1 + \beta) R'_L}{r_{be} + (1 + \beta) R'_L} \approx \frac{\beta R'_L}{r_{be} + \beta R'_L}$$

显然，$A_u < 1$，一般有 $\beta R'_L \gg r_{be}$，故 $A_u$ 略小于 1。由于 $A_u \approx 1$，所以 $u_o \approx u_i$，即输出电压与输入电压幅度相近、相位相同，因此共集电路又称为射极跟随器。

（2）输入电阻 $R_i$

因为

$$i_i = i_1 + i_b = \frac{u_i}{R_B} + \frac{u_i}{r_{be} + (1 + \beta) R'_L}$$

由 $\beta \gg 1$，且 $(1 + \beta) R'_L \approx \beta R'_L \gg r_{be}$，所以

$$R_i = \frac{u_i}{i_i} = R_B \mathbin{/\mkern-6mu/} [r_{be} + (1 + \beta) R'_L] \approx R_B \mathbin{/\mkern-6mu/} \beta R'_L$$

可见，射极输出器的输入电阻较高。

（3）输出电阻 $R_o$

根据求输出电阻的原则，得到如图 2 - 24e 所示的求 $R_o$ 的等效电路。根据 $i$ 的电流流

向，$i_e$ 应该从外流入发射极，则 $i_b$ 和 $i_c$ 应分别流出基极和集电极，相应的受控电流源 $i_b$ 由发射极流向集电极。设 $R'_s = R_s /\!/ R_B$，由图得

$$u = i_b(r_{be} + R'_s) = i_{R_E}R_E$$

则有
$$i_b = \frac{u}{r_{be} + R'_s}$$

$$i_{R_E} = \frac{u}{R_E}$$

所以
$$i = i_e + i_{R_E} = (1 + \beta)i_b + i_{R_E} = \left(\frac{1 + \beta}{r_{be} + R'_s} + \frac{1}{R_E}\right)u$$

放大电路的输出电阻

$$R_o = \frac{u}{i} = \frac{1}{\dfrac{1}{(r_{be} + R'_s)/(1 + \beta)} + \dfrac{1}{R_E}} = \frac{r_{be} + R'_s}{1 + \beta} /\!/ R_E$$

通常满足 $R_E \gg (r_{be} + R'_s)/(1 + \beta)$，则

$$R_o = \frac{r_{be} + R'_s}{1 + \beta} /\!/ R_E \approx \frac{r_{be} + R'_s}{1 + \beta}$$

若信号源为恒压源，$R_s = 0$，$R'_s = 0$，则有

$$R_o \approx \frac{r_{be}}{1 + \beta}$$

可见，共集电路的输出电阻很小，一般为几十欧至一百多欧。

综上所述，共集电路（射极输出器）的主要特点是，电压放大倍数略小于1，输出电压与输入电压同相，输入电阻高，输出电阻低。输入电阻高，意味着向信号源（或前级）索取的电流小；输出电阻低，意味着带负载能力强，即减小负载变化时对电压放大倍数的影响。射极输出器虽然没有电压放大，但对电流有较大的放大作用。

## 2.4.2 实训 共集电路调试

**1. 实训目的**

1）掌握共集电路静态工作点的测试方法。

2）掌握共集电路主要性能指标的测试方法。

3）掌握共集电路的特点。

**2. 实训器材**

1）直流稳压电源1台。

2）低频信号发生器1台。

3）双踪示波器1台。

4）交流毫伏表1台。

5）万用表1台。

6）电路板1块。

**3. 实训电路与原理**

本实训共集电路如图2-25所示。共集放大器又叫射极跟随器，其主要特点是，输出电压与输入电压同相，电压放大倍数略小于1，输入电阻高，输出电阻低。

电压跟随范围是指射极跟随器的输出电压跟随输入电压作线性变化的区域。当输入电压超过一定范围时，输出电压便不能跟随输入电压作线性变化，即输出波形产生了失真。

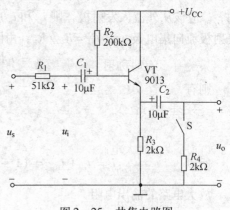

图 2 - 25　共集电路图

**4. 实训内容与步骤**

（1）电路制作

按照实训共集电路原理图 2 - 25 所示，将所有元器件正确焊接在电路板上。

（2）测试静态工作点

1）调节直流稳压电源的输出为 12V，接到实验电路的 $U_{CC}$ 和地之间。

2）用万用表测量 $U_{BQ}$、$U_{CQ}$、$U_{CEQ}$，将结果填在表 2 - 4 中。

表 2 - 4　静态工作点实测数据表

| $U_{BQ}/V$ | $U_{CQ}/V$ | $U_{CEQ}/V$ |
|---|---|---|
|  |  |  |

（3）电压放大倍数的测量

1）调节低频信号发生器，使其输出 0.5V、1kHz 的正弦波电压，接到实验电路的 $u_s$ 端。

2）接通开关 S，将示波器接在电路输出端观察波形，此时波形应不失真，用交流毫伏表可测出 $U_i$ 和 $U_o$；将结果填在表 2 - 5 中，并分别计算出空载和带载电压放大倍数。

表 2 - 5　电压放大倍数测量表

| 测试条件 | $U_i/mV$ | $U_o/mV$ | $A_u = U_o/U_i$ |
|---|---|---|---|
| 空载 |  |  |  |
| 带载 |  |  |  |

（4）放大器的输入电阻 $R_i$ 和输出电阻 $R_o$

1）断开开关 S，在输出波形不失真的条件下，用交流毫伏表测出 $U_i$ 和 $U_s$，根据式（2 - 1）（$R_1$ 相当于电阻 $R_s$）算出输入电阻 $R_i$ = ＿＿＿＿＿＿。

2）将信号从电路的 $u_i$ 输入，在输出波形不失真的条件下，用交流毫伏表分别测出断开开关 S 和接通开关 S 的输出电压 $U_o$ 和 $U_{oL}$，根据式（2 - 2）（$R_4$ 相当于负载电阻 $R_L$）算出输出电阻 $R_o$ = ＿＿＿＿＿＿。

（5）测量电压跟随范围

1）接通开关 S，并将示波器接在输出端。

2）逐渐增加输入信号幅度，通过示波器观察输出电压的波形变化，直至欲出现失真为止。

3）用毫伏表测量临界时的输入电压 $U_i$。则跟随范围为 0 ~ ＿＿＿＿＿＿。

**5. 思考题**

1）当测量输入电阻时，能否用毫伏表测量 $R_1$ 两端的电压来代替（$U_s - U_i$）？

2）当测量放大器的输出电阻时，若负载电阻改变时，则输出的电阻变化吗？为什么？

3）$R_2$ 电阻的选择对提高放大器输入电阻有何影响？

4）为什么有时称射极跟随器为阻抗变换器？

## 2.5 共基电路及 3 种基本组态电路比较

如前所述，放大电路的基本组态有 3 种，前面已经介绍了共射和共集组态的放大器。本节将简单介绍共基极放大电路（简称共基电路）及这 3 种基本组态电路的比较。

### 2.5.1 共基电路分析

共基放大电路原理图如图 2－26a 所示，图中 $R_{B1}$、$R_{B2}$ 为基极的上、下偏置电阻；$R_E$ 为发射极电阻；$R_C$ 为集电极负载电阻；$C_1$、$C_2$ 分别为输入、输出电容；$C_B$ 为基极旁路电容，保证基极交流接地。

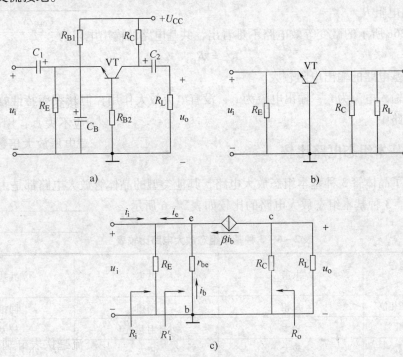

图 2－26 共基放大电路

a）原理图　b）交流通路　c）微变等效电路

**1. 静态分析**

共基放大电路的直流通路和共射分压偏置电路完全相同，因此静态工作点的求法也相同参见本章 2.3.2。

**2. 动态分析**

共基电路的交流通路和微变等效电路如图 2－26b 和图 2－26c 所示。

（1）电压放大倍数 $A_u$

由图 2 - 26c 所示的微变等效电路，设 $R'_L = R_C /\!/ R_L$，可得

$$u_o = -i_c R'_L = -\beta i_b R'_L \qquad u_i = -i_b r_{be} \qquad A_u = \frac{u_o}{u_i} = \frac{\beta R'_L}{r_{be}}$$

可见，其电压放大倍数与共射基本放大电路只差一个负号，说明共基电路是同相放大电路，共射电路是反相放大电路。

（2）输入电阻 $R_i$

先求图 2 - 26c 中晶体管发射极与基极之间看进去的等效电阻 $R'_i$，即共基组态晶体管的输入电阻 $r_{eb}$。

$$R'_i = \frac{u_i}{-i_e} = \frac{-i_b r_{be}}{-i_e} = \frac{r_{be}}{1+\beta} = r_{eb}$$

$$R_i = R_E /\!/ R'_i = R_E /\!/ \frac{r_{be}}{1+\beta} \approx \frac{r_{be}}{1+\beta}$$

可见，共基电路输入电阻很低，一般只有几欧至几十欧。

（3）输出电阻 $R_o$

由图 2 - 26c 所示的微变等效电路不难看出，共基电路的输出电阻为

$$R_o = R_C$$

可见，共基电路的输出电阻较大。

共基电路输入电流为 $i_e$，输出电流为 $i_c$，没有电流放大作用，但其频率特性好，常用于高频和宽频电路中。

### 2.5.2　3 种基本组态电路比较

前面介绍了晶体管 3 种基本组态放大电路，其他类型的晶体管放大电路都是由这 3 种电路变化而来的。3 种基本组态放大电路的比较如表 2 - 6 所示。

表 2 - 6　3 种基本组态放大电路比较表

| 组态<br>性能 | 共射 | 共集 | 共基 |
|---|---|---|---|
| 输入、输出电压相位 | 反相 | 同相 | 同相 |
| 电压放大倍数 | 较大 | 小于且接近 1 | 较大 |
| 电流放大倍数 | 较大 | 较大 | 小于且接近 1 |
| 输入电阻 | 中 | 高 | 低 |
| 输出电阻 | 中 | 低 | 高 |
| 主要作用及应用范围 | 以分压式偏置电路形式起放大作用 | 输入或输出级的阻抗变换作用、中间级隔离作用 | 高频、宽频等电路 |

## 2.6　多级放大电路

单级放大器的放大倍数只有几十至一百多。而在实际的电子设备中，往往要求的放大倍

数比较大，因此，必须将多个单管放大器接在一起，组成多级放大器。

多级放大电路结构框图如图 2-27 所示，与信号源相接的称为第一级或输入级，与负载相接的称为末级或输出级，其余各级称为中间级。输入级的输入电阻要高，噪声要小，故多采用共集电路或场效应晶体管电路；中间级放大倍数要大，故常由若干级共射电路组成；输出级要输出一定功率，故常由功率放大电路组成。

图 2-27　多级放大电路的结构框图

### 2.6.1　级间耦合方式

在多级放大器中，级与级之间、信号源与放大器之间、放大器与负载之间的连接方式称为级间耦合方式（简称耦合方式）。各种耦合方式都应该满足以下要求，即各级管子有合适的静态工作点、避免信号失真、前级信号尽可能多地传送到后级等，以减小信号损失。常用的耦合方式主要有以下 3 种。

**1. 阻容耦合**

阻容耦合两级放大器电路如图 2-28 所示，它是通过电容和后级的输入电阻实现级间连接的，故称为阻容耦合。

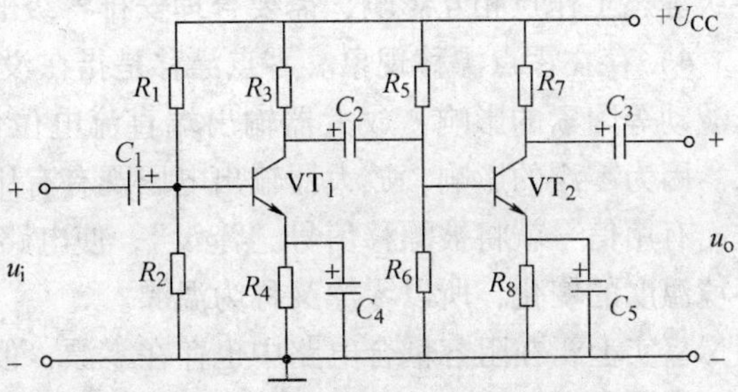

阻容耦合的特点：

1）由于耦合电容的隔直流作用，所以阻容耦合的多级放大器的各级静态工作点相互独立，互不影响。

2）由于耦合电容不能传送缓慢变化的信号和直流信号，所以只能用于放大频率不太低的交流信号。

3）工艺上大电容很难集成，故常用于分立元件电路中。

图 2-28　阻容耦合两级放大器电路

**2. 变压器耦合**

变压器耦合两级放大器电路是通过变压器实现级间连接的，故称为变压器耦合，如图 2-29a 所示。

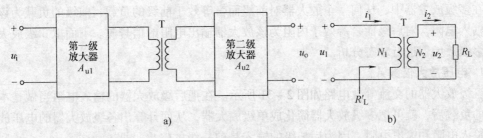

a)　　　　　　　　　　　　　　b)

图 2-29　变压器耦合两级放大器电路

a）变压器耦合　b）阻抗变换

变压器耦合的特点：

1）由于变压器具有通交流、隔直流的作用，所以变压器耦合的多级放大器各级静态工作点相互独立。

2）能起到阻抗变换作用。在图 2 - 29b 中，从变压器初级看进去的等效交流电阻 $R'_L = n^2 R_L$，其中 $n = N_1/N_2$ 为一、二次（侧）匝数比。

3）变压器体积大、笨重、价高，高频和低频特性差，故只能用于放大交流信号。

**3. 直接耦合**

直接耦合两级放大器电路如图 2 - 30 所示，级间无连接元件，故称为直接耦合。

直接耦合的特点：

1）由于电路中无耦合电容和变压器，一般也无旁路电容，所以低频特性好，可以放大缓慢变化甚至直流信号，又称为直流放大器。

2）由于电路中只有半导体管和电阻，所以便于集成。

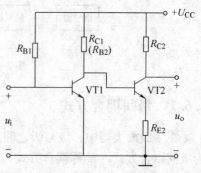

图 2 - 30　直接耦合两级放大器电路

3）由于无耦合元件，所以直接耦合多级放大器的各级静态工作点相互影响，需要合理安排各级的直流电平，使它们之间能正确配合。

4）存在零点漂移现象。零点漂移是指在没有输入信号时，由于环境温度变化、电源电压波动等因素的影响，放大器输出端直流电位偏离静态值而出现缓慢变化的现象，简称零漂。因为零漂的影响，放大器输出电压既有有用信号成分，又有漂移电压成分。如果漂移严重，有用信号就将被漂移信号"淹没"，使电路失去放大能力。由于产生零漂的主要原因是环境温度的变化，所以零漂又称为温漂。

事实上，在阻容耦合电路中也存在零漂，但缓慢变化的漂移电压被隔直电容隔断，不会被逐级放大，故影响不大。而在直接耦合放大器中，第一级工作点稍有漂移，其输出电压的微小变化将会被后级逐级放大，致使输出端产生较大的漂移电压。因此，直接耦合放大器的第一级零漂影响最为严重。

抑制零漂的方法很多，除有特殊要求时将电路置于恒温装置中外，主要采用差动放大器（将在 5.2 节介绍）。

## 2.6.2　多级放大电路的动态分析

在多级放大器中，任何一个放大器对前级而言等效于前级的负载，前级的负载为该放大器的输入电阻。对后级而言等效于内阻为该放大器输出电阻的信号源。下面以 3 级放大器为例对多级放大器进行动态分析。

**1. 电压放大倍数 $A_u$**

三级放大器的交流等效电路如图 2 - 31 所示。在把后级放大器的输入电阻当做是本级放大器的负载后，就可把多级放大器简化成单级放大器，从而计算出各级放大器的电压放大倍数、输入电阻和输出电阻。因为后一级的输入是前一级的输出，即 $u_{i2} = u_{o1}$，$u_{i3} = u_{o2}$，所以总的放大倍数为

$$A_u = \frac{u_o}{u_i} = \frac{u_{o3}}{u_{i1}} = \frac{u_{o3}}{u_{i3}} \frac{u_{o2}}{u_{i2}} \frac{u_{o1}}{u_{i1}} = A_{u3} A_{u2} A_{u1}$$

即多级放大器总的电压放大倍数等于各级电压放大倍数的乘积。

**注意：**各级的电压放大倍数都是在把后级的输入电阻看成前级的负载的情况下求得的，而不是在各级空载情况下求出的电压放大倍数。

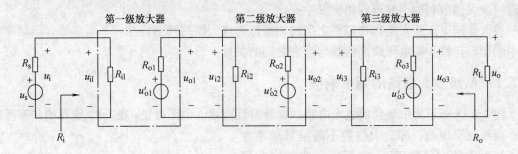

图 2 - 31　三级放大器的交流等效电路

**2. 输入电阻 $R_i$**

多级放大器的输入电阻是从放大器输入端看进去的等效电阻，它等于第一级放大器的输入电阻，即

$$R_i = R_{i1}$$

**3. 输出电阻 $R_o$**

多级放大器的输出电阻是从放大器输出端看进去的等效电阻，它等于最后一级放大器的输出电阻，对三级放大器则有

$$R_o = R_{o3}$$

**【例 2 - 3】**　阻容耦合两级放大电路如图 2 - 32 所示，$U_{CC} = 20V$，$\beta_1 = \beta_2 = 60$，$R_{B11} = 100k\Omega$，$R_{B12} = 27k\Omega$，$R_{E1} = 5.1k\Omega$，$R_{C1} = 12k\Omega$，$R_{B21} = 33k\Omega$，$R_{B22} = 8.2k\Omega$，$R_{E2} = 3k\Omega$，$R_{C2} = 3.3k\Omega$，$R_L = 3k\Omega$，$r_{be1} = 2.6k\Omega$，$r_{be2} = 1.7k\Omega$，求放大电路的输入、输出电阻和电压放大倍数。

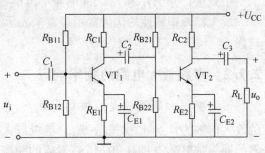

图 2 - 32　阻容耦合两级放大电路

**解：**

$R_i = R_{i1} = R_{B11} /\!/ R_{B12} /\!/ r_{be1} \approx 2.3k\Omega$

$R_o = R_{o2} = R_{c2} = 3.3k\Omega$

$R_{i2} = R_{B21} /\!/ R_{B22} /\!/ r_{be2} \approx r_{be2} = 1.4k\Omega$

$A_{u1} = -\beta_1 \dfrac{R_{c1} /\!/ R_{i2}}{r_{be1}} = -60 \times \dfrac{12 /\!/ 1.4}{2.6} \approx -29$

$A_{u2} = -\beta_2 \dfrac{R_{c2} /\!/ R_L}{r_{be2}} = -60 \times \dfrac{3.3 /\!/ 3}{1.7} \approx -55$

$A_u = A_{u1} \times A_{u2} = (-29) \times (-55) = 1595$

## 2.7 放大电路的频率响应

在前面分析放大电路的性能指标时，都忽略了耦合电容、旁路电容、管子的极间电容及分布电容等电抗性元件的影响。实际上，这些电抗元件的存在，会使输入信号频率改变时，电路的放大倍数和输出波形的相位发生变化。

放大器的电压放大倍数和频率之间的关系称为放大器的频率特性。下面主要介绍频率特性中的幅频特性，即电压放大倍数与频率之间的关系。

### 2.7.1 单级放大电路的频率响应

图 2-33 所示为单级共射放大电路的幅频特性曲线。由图可见，在一个较宽的频率范围内，曲线是平坦的，即放大倍数不随信号频率变化，其电压放大倍数用 $A_{um}$ 表示。在此频率范围内，所有电容（耦合电容、旁路电容和器件的极间电容等）的影响可以忽略不计。当频率降低时，耦合电容和旁路电容的影响不可忽略，致使放大倍数下降；当频率升高时，器件的极间电容的影响不可忽略，使放大倍数下降。

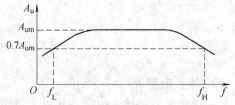

图 2-33　单级共射放大电路的幅频特性曲线

$f_L$ 和 $f_H$ 分别称为下限截止频率（简称下限频率）和上限截止频率（简称上限频率），它们是放大倍数下降到中频放大倍数的 $1/\sqrt{2}$ 倍（约 0.707 倍）时所确定的两个频率。

低频区：低于 $f_L$ 的频率范围称为低频区。

高频区：高于 $f_H$ 的频率范围称为高频区。

中频区：介于 $f_L$ 和 $f_H$ 之间的频率范围称为中频区，又称为通频带，即 $BW = f_H - f_L$。

放大器频率特性的优劣常用带宽来表示。带宽越宽，表明放大器对信号频率的适应能力越强。

### 2.7.2 多级放大电路的频率响应

设两级放大器的放大倍数均为 $A_{u1}$，总的放大倍数为 $A_u = A_{u1} \times A_{u1} > A_{u1}$，单级放大器的通频带 $BW_1$（即 $0.707A_{u1}$）对应的频率为 $f_{L1}$（或 $f_{H1}$），该频率的信号通过两级放大器时对应的总放大倍数 $A_u = 0.707A_{u1} \times 0.707A_{u1} \approx 0.5A_{u1} \times A_{u1} = 0.5A_u$，由于 $0.5A_u < 0.707A_u$，而 $0.707A_u$ 对应的频率之差为多级放大器的通频带 $BW$，如图 2-34 所示，可见 $BW_1 > BW$，所以，多级放大器的通频带比任何一级放大器的通频带都窄。

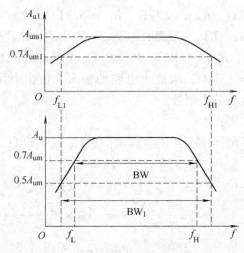

图 2-34　多级放大器的通频带

## 2.8 综合实训 声光控节电开关的设计与制作

### 1. 实训目的

1）通过实训进一步理解基本放大器及其应用的理论知识。

2）掌握实际应用电路的设计与制作方法。

3）加深对二极管、晶体管和基本放大器特性及其电路性能的理解。

### 2. 实训器材

1）直流稳压电源1台。

2）低频信号发生器1台。

3）双踪示波器1台。

4）交流毫伏表1台。

5）万用表1台。

6）实训套件1套。

### 3. 实训电路与原理

（1）电路组成

声光控节电开关电路原理图如图2-35所示。

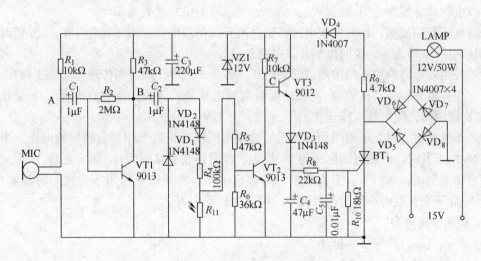

图2-35 声光控节电开关电路原理图

（2）电路功能

白天或者晚上无人经过时，灯灭；晚上且有人经过时，灯亮，延时一段时间后，灯灭。

（3）电路原理

本电路使用交流15V作为电源。经过 VD₅～VD₈ 整流成直流电，此直流电一方面提供给电灯使用，另一方面经过 $R_9$ 分压、$C_3$ 滤波，使 VZ₁ 稳压管得到12V直流工作电源。$R_1$、MIC 构成声音输入电路，经过 $C_1$ 耦合送到 VT₁ 进行放大。$R_2$、$R_3$、VT₁ 构成普通的音频放大电路。放大后经过 $C_2$ 输出。VD₁、VD₂、$R_4$ 构成倍压整流，将声音信号转变成直流电。光敏电阻在光亮的环境下电阻值很小，相当于短路，在黑暗的环境下电阻值很大，相当于开路。因此在光亮时阻止声音信号继续往后送。$R_5$、$R_6$、$R_7$、$VT_2$、$VT_3$ 构成直流放大电路。$VD_3$、$C_4$、$C_5$、$R_8$、$BT_1$ 构成延时控制电路。

1）关闭状态。当白天或光亮时，光敏电阻 $R_{11}$ 阻值小，$VT_2$、$VT_3$、$R_7$、$VD_3$ 等组成的电子开关截止，$BT_1$ 不工作，灯不亮。

2）准备状态。当光线暗时，光敏电阻 $R_{11}$ 阻值上升，电子开关处于临界导通状态，即预备状态。

3）导通状态。当有人经过时，话筒接收信号，内阻减小，晶体管 $VT_1$ 进入放大状态，经倍压整流（$C_2$、$VD_1$、$VD_2$）后，与光敏电阻共同控制电子开关使其导通，触发晶闸管使之导通，灯亮。

4）延时控制。$C_4$ 放电完毕，延时结束，$BT_1$G 端的电压减小，$BT_1$ 截止，灯灭。

注意：本电路可用交流 220V 供电来控制额定电压为 220V 的电灯（留给读者思考），这里考虑初学者技术掌握还不熟练，出于安全考虑，才采用低压灯。

**4. 实训内容与步骤**

1）焊接电路。根据电路原理图在万能板或自己设计的印制电路板上焊接电路。

2）电路检查。检查元器件的位置，特别是二极管、晶体管、传声器、电解电容的引脚位置、检查有没有虚、假、漏和错焊的现象。

3）电源部分检测。测试经整流、滤波、稳压后的电压是否为 12V。

4）电子开关检测。用万用表电压档测晶闸管阴阳极电压，当短接 $VT_3$ 的 e、c 极时，晶闸管阳极电压下降为零，说明电子开关电路正常。

5）传声器电路检测。测传声器两端电压，若为 2~3V，则说明传声器连接正确。

6）光控电路检测。检查 $R_{11}$ 光敏电阻两端的电压值，若光照时电压较低、不受光时电压较高，则说明光控电路工作正常。

7）整体测试。将光敏电阻用不透光的物体遮挡住，测量 $VT_3$ 发射极对地电压，当在传声器边发出声音时，若测得的电压为 5V 以上，没有声音后又变为 0，则为正常。

8）功能测试。在白天，有无声音，灯都应不亮。将光敏电阻用不透光的物体遮挡住，无声音时灯不亮，发出声音时，灯亮一段时间后自动熄灭。

**5. 实训报告内容**

1）产品名称，原理图，框图。

2）电路原理分析。

3）元器件清单及主要元器件识别与检测方法。

4）焊接与调试（含布局图、焊接注意事项、调试步骤、故障现象与排除方法、参数测试）。

5）指标调节（灵敏度、延时时间）。

6）小结。

**6. 附件**

声光控节电开关元器件清单如表 2-7 所示。

表 2 - 7　声光控节电开关元器件清单

| 编号 | 元器件名称 | 型号规格 | 数量、 | 备注 |
|---|---|---|---|---|
| 1 | 传声器 | 驻极体 | 1 | $MIC_1$ |
| 2 | 单向晶闸管 | 2P4M | 1 | $BT_1$ |
| 3 | 光敏电阻 | 普通 | 1 | $R_{11}$ |
| 4 | 低压灯（带灯座） | 交流 12V/50W（或其他） | 1 | LAMP |
| 5 | 电阻 | 10kΩ | 2 | $R_1$、$R_7$ |
| 6 | | 47kΩ | 1 | $R_3$ |
| 7 | | 2MΩ | 1 | $R_2$ |
| 8 | | 100kΩ | 1 | $R_4$ |
| 9 | | 4.7kΩ | 2 | $R_5$、$R_9$ |
| 10 | | 36kΩ | 1 | $R_6$ |
| 11 | | 22kΩ | 1 | $R_8$ |
| 12 | | 18kΩ | 1 | $R_{10}$ |
| 13 | 瓷片电容 | 0.01μF | 1 | $C_5$ |
| 14 | 电解电容 | 1μF/16V | 2 | $C_1$、$C_2$ |
| 15 | | 47μF/16V | 1 | $C_4$ |
| 16 | | 220μF/16V | 1 | $C_3$ |
| 17 | 二极管 | 1N4148 | 3 | $VD_1$、$VD_2$、$VD_3$ |
| 18 | | | | |
| 19 | | 1N4007 | 5 | $VD_4$、$VD_5$、$VD_6$、$VD_7$、$VD_8$ |
| | | 稳压二极管 12V | 1 | $VZ_1$ |
| 20 | 晶体管 | 9012 | 1 | $VT_3$ |
| 21 | | 9013 | 2 | $VT_1$、$VT_2$ |
| 22 | 软导线 | 焊接用 | 50cm | |
| 23 | 硬导线 | 传声器用 | 5cm | |
| 24 | 套管 | 光敏电阻用（5cm） | 2 | |
| 25 | 万能板 | 普通 | 1 | |
| 26 | 焊锡丝 | 普通 | 50cm | |

## 2.9　习题

1. 判断图 2 - 36 中的电路是否具有电压放大作用。

2. 将图 2 - 36 所示的放大器在接上负载后，它的放大倍数会如何改变？

3. 某放大电路不带负载时，测得输出电压为 1.5V，而带上负载 $R_L = 6.8kΩ$ 后（输入信号不变）输出电压变为 1V，求输出电阻 $R_o$。又若 $R_o = 600Ω$，空载时输出电压为 2V，问接上负载 $R_L = 2.4kΩ$ 后，输出电压为多少（输入信号不变）？

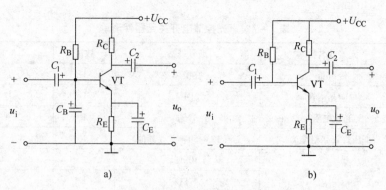

a)                                    b)

图 2-36  习题1电路图

4. 电路如图 2-37 所示，试判断下列说法是否正确。

1）用直流表测得 $U_{CE} = 8V$，$U_{BE} = 0.7V$，$I_B = 20\mu A$，$A_u = 8/0.7 \approx 11.4$。

2）若输入电压有效值为 20mV，则输入电阻 $R_i = 20mV/20\mu A = 1k\Omega$。

3）若 $R_C = R_L = 4k\Omega$，则输出电阻 $R_o = 4//4 = 2k\Omega$。

5. 如图 2-37 所示，晶体管 $U_{BE} = 0.7V$，$r_{bb'} = 100\Omega$，$\beta = 50$，$R_B = 560k\Omega$，$R_C = R_L = 4k\Omega$，$U_{CC} = 12V$。

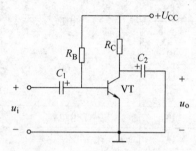

图 2-37  习题4电路图

1）画直流通路，确定静态工作点。

2）画交流通路和微变等效电路，求 $A_u$、$R_i$ 和 $R_o$。

6. 如图 2-38 所示，晶体管 $U_{BE} = 0.7V$，$r_{bb'} = 80\Omega$，$\beta = 50$，$R_B = 820k\Omega$，$R_{C1} = R_{C2} = 6k\Omega$，$R_L = 3k\Omega$，$R_E = 1k\Omega$，$U_{CC} = 18V$，电容都看成交流短路。

1）画直流通路，确定静态工作点。

2）画交流通路和微变等效电路，求 $A_u$、$R_i$ 和 $R_o$。

7. 如图 2-15 所示，晶体管 $U_{BE} = 0.7V$，$r_{bb'} = 200\Omega$，$\beta = 66$，$R_{B1} = 33k\Omega$，$R_{B2} = 10k\Omega$，$R_C = 3.3k\Omega$，$R_E = 1.5k\Omega$，$R_L = 5.1k\Omega$，$U_{CC} = 24V$，电容都看成交流短路。

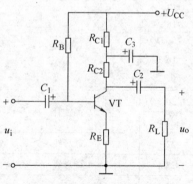

图 2-38  习题6电路图

1）画直流通路，确定静态工作点。

2）画交流通路和微变等效电路，求 $A_u$、$R_i$ 和 $R_o$。

3）若将发射极旁路电容 $C_E$ 去掉，则静态工作点有无变化？电压放大倍数有无变化？

8. 如图 2-39 所示，若晶体管 $U_{BE} = 0.7V$，$\beta = 50$，$r_{bb'}$ 可忽略，$R_{B1} = 47k\Omega$，$R_{B2} = 15k\Omega$，$R_C = 3k\Omega$，$R_{E1} = 0.5k\Omega$，$R_{E2} = 1.5k\Omega$，$R_L = 3k\Omega$，$U_{CC} = 12V$。

1）画直流通路，确定静态工作点。

2）画交流通路和微变等效电路，求 $A_u$、$R_i$ 和 $R_o$。

9. 如图 2-40 所示，若晶体管 $U_{BE} = -0.3V$，$\beta = 50$，

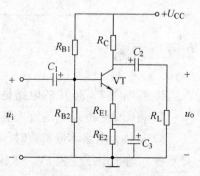

图 2-39  习题8电路图

$r_{bb'} = 200\Omega$，$R_{B1} = 33k\Omega$，$R_{B2} = 10k\Omega$，$R_C = 3.3k\Omega$，$R_{E1} = 200\Omega$，$R_{E2} = 1.3k\Omega$，$R_L = 5.1k\Omega$，$-U_{CC} = -12V$。

1）确定静态工作点。

2）画微变等效电路，求 $A_u$、$R_i$ 和 $R_o$。

10. 在图 2-39 中，若输出电压出现饱和失真，则说明 Q 点太高还是太低？应该调整哪个元件的参数？如何调整？若 $C_3$ 开路，定性分析将引起电路的哪些动态参数发生变化？如何变化？

11. 如图 2-41 所示，$U_{BE} = 0.7V$，$\beta = 80$，$r_{be} = 1k\Omega$，$R_B = 200k\Omega$，$R_S = 2k\Omega$，$R_E = 3k\Omega$，$U_{CC} = 15V$。

1）计算静态工作点。

2）分别计算当 $R_L = \infty$ 和 $R_L = 3k\Omega$ 时电路的电压放大倍数和输入电阻。

3）计算输出电阻。

12. 射极输出器有哪些特点？

13. 电路如图 2-42 所示，晶体管 $\beta = 50$，$r_{be} = 1k\Omega$，$R_{B1} = 100k\Omega$，$R_{B2} = 30k\Omega$，$R_E = 1k\Omega$，$R_s = 50\Omega$。画出微变等效电路，求 $A_u$、$R_i$ 和 $R_o$ 值。

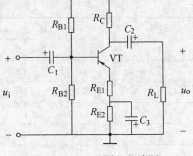

图 2-40　习题 9 电路图

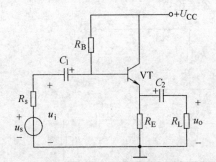

图 2-41　习题 11 电路图

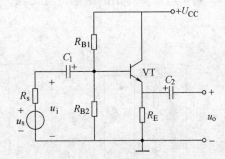

图 2-42　习题 13 电路图

14. 实验电路如图 2-39 所示，若晶体管 $U_{BE} = 0.7V$，$\beta = 100$，$r_{bb'} = 100\Omega$，$R_{B1} = 40k\Omega$，$R_{B2} = 5.6k\Omega$，$R_C = 5.1k\Omega$，$R_{E1} = 100\Omega$，$R_{E2} = 1k\Omega$，$R_L = 5.1k\Omega$，$U_{CC} = 15V$，可将各电容看成交流短路，在接入内阻 $R_s = 1k\Omega$、$U_s = 20mV$ 的信号源后，有 5 组同学用交流毫伏表测出有关电压值，见表 2-8。试分析哪组测试数据有误，并指出故障原因（元件的开路或短路）。

表 2-8　习题 14 的测试数据

| 组号 | $U_b$/mV | $U_e$/mV | $U_c$/mV | $U_o$/mV | 正误 | 故障分析 |
|---|---|---|---|---|---|---|
| 1 | 0 | 0 | 0 | 0 | | |
| 2 | 15.6 | 12.3 | 620 | 0 | | |
| 3 | 15.6 | 12.3 | 620 | 620 | | |
| 4 | 16.5 | 16.1 | 37.3 | 37.3 | | |
| 5 | 15.6 | 12.3 | 310 | 310 | | |

15. 在图 2-15 中，$R_{B1}=105\text{k}\Omega$，$R_{B2}=15\text{k}\Omega$，$R_C=5\text{k}\Omega$，$R_E=1\text{k}\Omega$，$R_L=5\text{k}\Omega$，$U_{CC}=12\text{V}$。有 6 位同学在实验中用直流电压表测得晶体管各极电压如表 2-9 所示。试说明各电路的工作状态是否合适。若不合适，则说明出现了什么问题（元件开路或短路）。

表 2-9　习题 15 的测试数据

| 组号 | $U_B/\text{V}$ | $U_E/\text{V}$ | $U_C/\text{V}$ | 工作状态 | 故障分析 |
| --- | --- | --- | --- | --- | --- |
| 1 | 0 | 0 | 0 | | |
| 2 | 0.75 | 0 | 0.3 | | |
| 3 | 1.4 | 0.7 | 8.5 | | |
| 4 | 0 | 0 | 12 | | |
| 5 | 1.5 | 0 | 12 | | |
| 6 | 1.4 | 0.7 | 4.3 | | |

16. 一拾音器可等效为带内阻 $R_s$ 的信号源 $u_s$，其中 $R_s=10\text{k}\Omega$，$U_s=200\text{mV}$。

1）若负载 $R_L=1\text{k}\Omega$ 直接接在拾音器上，如图 2-43a 所示，求负载上的输出电压。

2）若负载 $R_L=1\text{k}\Omega$ 经射极输出器后再接到拾音器上，如图 2-43b 所示，求负载上的输出电压。（VT 为硅管，$\beta=100$，$r_{bb'}$ 可忽略，$R_B=400\text{k}\Omega$，$R_E=1\text{k}\Omega$，$U_{CC}=12\text{V}$。）

3）将 1）、2）得出的结果进行比较，会得出什么结论？

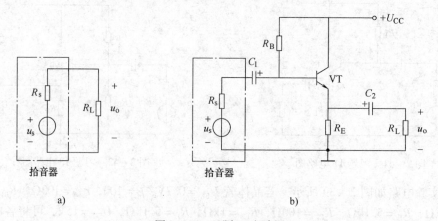

图 2-43　习题 16 电路图

a）拾音器直接接负载　b）拾音器经射极随器后再接负载

17. 在实验中用交流毫伏表测得如图 2-32 所示电路的第一级的输入信号电压为 10mV，第一级的输出信号电压为 400mV，总输出电压为 1.2V，估算该电路第一级放大器的电压放大倍数、第二级放大器的电压放大倍数和该电路的总电压放大倍数。

18. 多级放大器级间耦合方式有哪几种？各有什么特点？

19. 在如图 2-44 所示的阻容耦合放大电路中，若晶体管 $U_{BE}=0.7\text{V}$，$r_{bb'}=200\Omega$，$\beta_1=\beta_2=50$，$R_{B1}=22\text{k}\Omega$，$R_{B2}=15\text{k}\Omega$，$R_{C1}=3\text{k}\Omega$，$R_{E1}=4\text{k}\Omega$，$R_{B3}=120\text{k}\Omega$，$R_{E2}=3\text{k}\Omega$，$R_L=3\text{k}\Omega$，$U_{CC}=12\text{V}$。

1）计算各级放大电路的静态工作点。

2）画出放大电路的微变等效电路，并求各级放大电路的电压放大倍数和总的电压放大倍数。

3）后级采用射极输出器，有何优点？

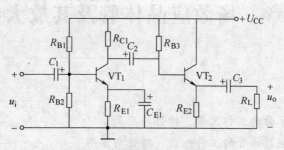

图 2-44　习题 19 电路图

20. 两级放大器的第一级电压放大倍数为 30，第二级电压放大倍数为 20，总的电压放大倍数为多少？两级放大器第一级电压增益为 30dB，第二级电压增益为 20dB，总的电压增益为多少？

# 第 3 章　场效应晶体管及其放大电路

**本章要点**

- 结型场效应晶体管的工作原理、特性与应用
- 绝缘栅型场效应晶体管的工作原理、特性与应用
- 场效应晶体管放大电路的制作与调试

场效应晶体管（Field Effect Transistor，FET）在电路中的应用与晶体管类似，可作为放大器件使用，也可作为开关器件使用。与晶体管相比，场效应晶体管具有噪声系数低、热稳定性好、输入阻抗高、易于集成等优点。它是通过改变输入电压来实现对输出电流控制的，为电压控制器件，同时它只依靠半导体中的多子实现导电，故称为单极型晶体管，而晶体管为电流控制器件，属于双极型晶体管。

根据其结构和原理的不同，场效应晶体管可分为结型场效应晶体管（Junction Type Field Effect Transistor，JFET）和绝缘栅型场效应晶体管（Insulated Gate Type Field Effect Transistor，IGFET）两种类型。

## 3.1　结型场效应晶体管

### 3.1.1　结构与图形符号

结型场效应晶体管又分为 N 沟道 JFET 和 P 沟道 JFET。在一块 N 型半导体两侧制作两个高掺杂的 P 型区，形成两个 $P^+N$ 结。将两个 P 型区连在一起，引出一个电极称为栅极 g，在 N 型半导体两端各引出一个电极，分别称为漏极 d 和源极 s，两个 $P^+N$ 结中间的 N 型区域称为导电沟道，故该结构是 N 沟道 JFET。N 沟道 JFET 的结构示意图和图形符号如图 3 - 1a 图 3 - 1b 所示。若在一块 P 型半导体两侧制作两个高掺杂的 N 型区，则得到 P 沟道 JFET，其图形符号如图 3 - 1c 所示。符号上的箭头方向表示当栅源之间 $P^+N$ 结正向偏置时，栅极电流的方向由 P 指向 N。

### 3.1.2　工作原理

当 JFET 正常工作时，JFET 的 PN 结必须加反偏电压。对于 N 沟道的 JFET，在栅极和源极之间应加负电压（即栅源电压 $u_{GS} < 0$），使 $P^+N$ 结处于反向偏置，随着栅源电压 $u_{GS}$ 的变化，两个 $P^+N$ 结的结宽（即耗尽层的宽度）发生变化，导电沟道也跟着变化；在漏极和源极加正电压（即漏源电压 $u_{DS} > 0$），以形成漏极电流 $i_D$。当外加电压 $u_{DS}$ 一定时，$i_D$ 的大小由导电沟道的宽度决定。

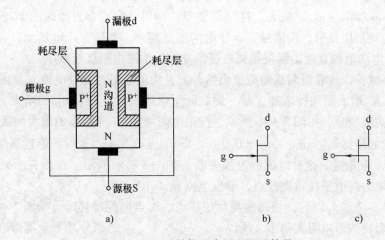

图 3 - 1　JFET 结构示意图和图形符号

a）N 沟道 JFET 结构示意图　b）N 沟道 JFET 图形符号　c）P 沟道 JFET 图形符号

**1. $u_{GS}$ 对导电沟道的控制作用**

令 $u_{DS} = 0$，即将漏极和源极短接，此时 N 沟道宽度仅受栅源电压 $u_{GS}$ 的影响。

当 $u_{DS} = 0$，且 $u_{GS} = 0$ 时，$P^+N$ 结耗尽层最窄，导电沟道最宽，如图 3 - 2a 所示；当 $|u_{GS}|$ 增大时，反向电压加大，耗尽层加宽，导电沟道变窄，如图 3 - 2b 所示，沟道电阻增大；当 $|u_{GS}|$ 增大到一定数值时，沟道两侧的耗尽层相碰，导电沟道消失，如图 3 - 2c 所示，沟道电阻趋于无穷大，称此时的 $u_{GS}$ 为夹断电压，记作 $U_{GS(off)}$。N 沟道的夹断电压 $U_{GS(off)}$ 是一个负值。

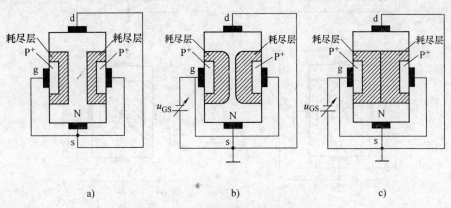

图 3 - 2　$u_{GS}$ 对导电沟道的控制作用

a）$u_{GS} = 0$　b）$|u_{GS}|$ 增大　c）$|u_{GS}|$ 增大到一定数值

**2. $u_{DS}$ 对 $i_D$ 的影响**

当 $u_{GS}$ 一定时，若 $u_{DS} = 0$，虽然存在导电沟道，但是多数载流子不会产生定向移动，则漏极电流 $i_D$ 为零。

在加上漏源电压 $u_{DS}$ 后，多数载流子——自由电子在导电沟道上定向移动，形成了漏极电流 $i_D$，同时在导电沟道上产生了由漏极到源极的电压降。这样在从漏极到源极的不同位置上，栅极与沟道之间的 $P^+N$ 结上所加的反向偏置电压是不等的，靠近漏端的 $P^+N$ 结上，反

偏电压 $|u_{GD}| = |u_{GS} - u_{DS}|$ 最大，耗尽层最宽，沟道最窄；靠近源端的 $P^+N$ 结上，反偏电压 $u_{GS}$ 最小，耗尽层最窄，沟道最宽，导电沟道呈楔形，如图 3-3a 所示。由图可见，受 $u_{DS}$ 的影响，导电沟道的宽度由漏极到源极逐渐变宽，沟道电阻逐渐减小。

当 $u_{DS}$ 较小时，沟道靠近漏端的宽度仍然较大，沟道电阻对漏极电流 $i_D$ 的影响较小，漏极电流 $i_D$ 随 $u_{DS}$ 的增大而线性增加，漏-源之间呈电阻特性。随着 $u_{DS}$ 的增大，靠近漏端的耗尽层加宽，沟道变窄，如图 3-3b 所示，沟道电阻增大，$i_D$ 随 $u_{DS}$ 的增大而缓慢地增加。

当 $u_{DS}$ 的增加使得 $u_{GD} = u_{GS} - u_{DS} = U_{GS(off)}$、即 $u_{DS} = u_{GS} - U_{GS(off)}$ 时，靠近漏端两边的 $P^+N$ 结在沟道中与 A 点相碰，这种情况称为预夹断，如图 3-3c 所示。在预夹断处，$u_{DS}$ 仍能克服沟道电阻的阻力将电子拉过夹断点，形成电流 $i_D$。

在 $u_{DS} > u_{GS} - U_{GS(off)}$ 以后，相碰的耗尽层扩大，A 点向源端移动，如图 3-3d 所示。由于耗尽层的电阻比沟道电阻大得多，所以 $u_{DS} > u_{GS} - U_{GS(off)}$ 的部分几乎全部降在相碰的耗尽层上，夹断点 A 与源极之间沟道上的电场基本保持在预夹断时的强度，$i_D$ 基本不随 $u_{DS}$ 的增加而增大，漏极电流趋于饱和。此时的 $i_D$ 称为饱和漏极电流，用 $I_{DSS}$ 表示。

若 $u_{DS}$ 继续增加，则最终将会导致 $P^+N$ 结发生反向击穿，漏极电流迅速上升。

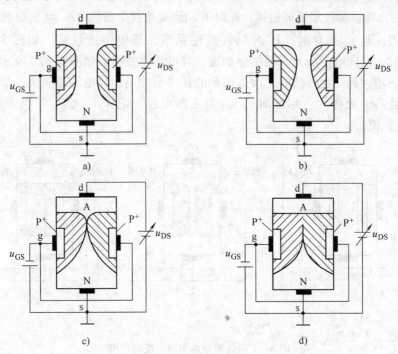

图 3-3  $u_{DS}$ 对 $i_D$ 的影响

a）楔形导电沟道  b）沟道变窄  c）预夹断  d）耗尽层扩大

综上分析，$u_{GS}$ 和 $u_{DS}$ 对导电沟道均有影响，但改变 $u_{GS}$，$P^+N$ 结的宽度会发生改变，整个沟道宽度会改变，沟道电阻会改变，漏极电流也将跟着改变，因此漏极电流主要受栅源电压 $u_{GS}$ 的控制。

由以上分析可得出下述结论：

1）JFET 栅极和源极之间的 PN 结加反向偏置电压，故栅极电流 $i_G \approx 0$，输入电阻很高。

2）JFET 是一种电压控制型器件，若改变栅源电压 $u_{GS}$，则漏极电流 $i_D$ 将随之改变。

3）预夹断前，$i_D$ 与 $u_{DS}$ 呈线性关系；预夹断后，漏极电流 $i_D$ 趋于饱和。

当 P 沟道 JFET 正常工作时，其各电极间电压的极性与 N 沟道 JFET 的情况相反。工作原理类似，这里不再赘述。

### 3.1.3　特性曲线

常用的场效应晶体管的特性曲线有输出特性曲线和转移特性曲线。下面以 N 沟道结型场效应晶体管为例介绍其特性曲线。

**1. 输出特性曲线**

输出特性曲线是指当栅源电压 $u_{GS}$ 为某一固定值时，漏极电流 $i_D$ 与漏源电压 $u_{DS}$ 之间的关系曲线，即

$$i_D = f(u_{DS})\ |_{u_{GS} = 常数}$$

对应于一个 $u_{GS}$，就有一条输出曲线，因此输出特性曲线是一特性曲线族，如图 3 - 4 所示。图中将各条曲线上 $u_{DS} = u_{GS} - U_{GS(off)}$ 的点连成一条虚线，该虚线称为预夹断轨迹。

整个输出特性曲线可划分为 4 个区域。

（1）可变电阻区

预夹断轨迹的左边区域称为可变电阻区。它是在 $u_{DS}$ 较小时、导电沟道没有产生预夹断时所对应的区域。其特点是：当 $u_{GS}$ 一定时，$i_D$ 随 $u_{DS}$ 增大而线性上升，可将场效应晶体管漏源之间看成为一个线性电阻。若改变 $u_{GS}$，则

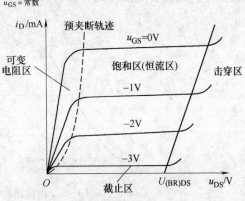

图 3 - 4　输出特性曲线族

特性曲线的斜率（即线性电阻的阻值）也会改变，故该区域可视为一个受 $u_{GS}$ 控制的可变电阻区。

（2）饱和区

饱和区又称为放大区或恒流区。它是在 $u_{DS}$ 较大、导电沟道产生预夹断以后所对应的区域，因此在预夹断轨迹的右边区域。其特点是：如 $u_{GS}$ 不变，$i_D$ 随 $u_{DS}$ 增大仅仅略有增加，曲线近似为水平线，具有恒流特性。若取 $u_{GS}$ 为不同值时，特性曲线是一族平行线。因此，在该区域 $i_D$ 可视为一个受电压 $u_{GS}$ 控制的电流源。当 JFET 用作放大管时，一般就工作在这个区域。

（3）截止区

截止区又称为夹断区。当 $u_{GS} < u_{GS(off)}$ 时，导电沟道全部夹断，$i_D \approx 0$，场效应晶体管处于截止状态，即图中靠近横轴的区域。

（4）击穿区

击穿区是在 $u_{DS}$ 增大到一定数值以后、$i_D$ 迅速上升所对应的区域。该区产生的原因是：加在沟道中耗尽层的电压太高，使栅漏间的 $P^+N$ 结发生雪崩击穿而造成电流 $i_D$ 迅速增大。栅漏击穿电压记为 $U_{(BR)GD}$。通常不允许场效应晶体管工作在击穿区，否则管子将损坏。一般把开始出现击穿的 $u_{DS}$ 值称为漏源击穿电压，记为 $U_{(BR)DS}$，$U_{(BR)DS} = u_{GS} - U_{(BR)GD}$。由于

PN 结反向击穿电压总是一定的，所以 $u_{GS}$ 越小，出现击穿的 $u_{DS}$ 越小。

**2. 转移特性曲线**

由于场效应晶体管栅极输入电流近似为零，所以讨论输入特性是没有意义的。但是，场效应晶体管是一种电压控制型器件，其栅源电压 $u_{GS}$ 可以控制漏极电流 $i_D$，故讨论 $u_{GS}$ 和 $i_D$ 之间的关系可有助于研究电压对电流的控制作用。所谓转移特性曲线，就是在漏源电压 $u_{DS}$ 为一固定值时，漏极电流和栅源电压之间的关系曲线，即

$$i_D = f(u_{GS}) \mid_{u_{DS} = 常数}$$

转移特性曲线可以根据输出特性曲线求得。由于在饱和区内，不同 $u_{DS}$ 作用下 $i_D$ 基本不变，所以可以用一条转移特性曲线来表示饱和区内 $i_D$ 与 $u_{GS}$ 的关系。在输出特性曲线的饱和区中作一条垂直于横轴的垂线，如图 3-5 所示。该垂线与各条输出特性曲线的交点表示场效应晶体管在 $u_{DS}$ 一定的条件下 $i_D$ 与 $u_{GS}$ 的关系。把各交点的 $i_D$ 与 $u_{GS}$ 值画在 $i_D \sim u_{GS}$ 的直角坐标系中，连接各点便得到转移特性曲线。

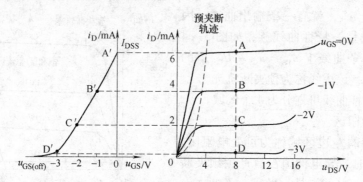

图 3-5 由输出特性曲线绘制转移特性曲线

在工程计算中，饱和区里 $i_D$ 与 $u_{GS}$ 的关系可用转移特性方程来描述，即

$$i_D = I_{DSS} \left( 1 - \frac{u_{GS}}{U_{GS(off)}} \right)^2$$

式中，$I_{DSS}$ 是当 $u_{GS} = 0$ 时的漏极电流，即为饱和漏极电流。

# 3.2 绝缘栅型场效应晶体管

在结型场效应晶体管中，栅极与源极之间 PN 结是反向偏置的，因此栅源之间的电阻很大。但是 PN 结反偏时总会有反向电流存在，而且反向电流随温度升高而增大，这就限制了输入电阻的进一步提高。若在栅极与其他电极之间用一绝缘层隔开，则输入电阻会更高，这种结构的场效应晶体管称为绝缘栅型场效应晶体管。

根据绝缘层所用材料的不同，有多种不同类型的绝缘栅型场效应晶体管。目前采用最广泛的一种是以二氧化硅（$SiO_2$）为绝缘层，称为金属-氧化物-半导体场效应晶体管（Metal Oxide Semiconductor Field Effect Transistor，MOSFET），简称 MOS 管。这种场效应晶体管的输入电阻约为 $10^8 \sim 10^{10} \Omega$，高的可达 $10^{15} \Omega$，并且制造工艺简单，便于集成。

MOS 管也有 N 沟道和 P 沟道两种类型，每种类型根据工作方式不同，又可分为增强型和耗尽型。所谓耗尽型，就是当 $u_{GS} = 0$ 时，存在导电沟道，$i_D \neq 0$，（JFET 就属于此类）；所

谓增强型，就是当 $u_{GS}=0$ 时，没有导电沟道，$i_D=0$。P 沟道和 N 沟道 MOS 管的工作原理相似。下面以 N 沟道增强型 MOS 管为例介绍其工作原理和特性。

## 3.2.1　N 沟道增强型 MOS 管

### 1. 结构与图形符号

N 沟道增强型 MOS 管的结构示意图如图 3-6a 所示。它以一块掺杂浓度较低的 P 型硅片为衬底，利用扩散工艺在衬底的上边制作两个高掺杂的 $N^+$ 型区，在两个 $N^+$ 型区表面喷上一层金属铝，引出两个电极，分别称为源极 s 和漏极 d，然后在 P 型硅表面制作一层很薄的二氧化硅绝缘层，并在两个 $N^+$ 型区之间的绝缘层表面也喷上一层金属铝，引出一个电极称为栅极 g。在衬底底部引出引线 B，通常衬底与源极接在一起使用。这样栅极-$S_iO_2$ 绝缘层-衬底就形成一个平板电容器，通过控制栅源电压即可改变衬底中靠近绝缘层处感应电荷的多少，从而控制漏极电流。其图形符号如图 3-6b 所示。图 3-6c 所示为 P 沟道增强型 MOS 管的图形符号。箭头方向是 PN 结正偏时的电流方向。

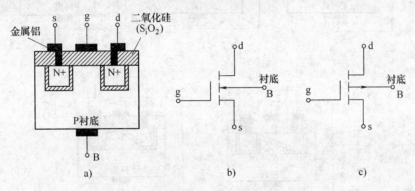

图 3-6　增强型 MOS 管的结构与图形符号

a）N 沟道增强型 MOS 管结构图　b）N 沟道增强型 MOS 管图形符号　c）P 沟道增强型 MOS 管图形符号

### 2. 工作原理

正常工作时，N 沟道 MOSFET 的栅源电压 $u_{GS}$ 和漏源电压 $u_{DS}$ 均为正值。N 沟道增强型 MOS 管导电沟道的变化情况如图 3-7 所示。

当 $u_{GS}=0$ 时，漏-源之间是两个背靠背的 PN 结，不存在导电沟道。此时，即使漏-源之间加上正电压，也肯定是一个 PN 结导通，一个 PN 结截止，因此不会有漏极电流 $i_D$。

当 $u_{DS}=0$ 且 $u_{GS}>0$ 时，如图 3-7a 所示，由于 $S_iO_2$ 绝缘层的作用，所以栅极电流为零。但是作为平板电容器，在 $S_iO_2$ 绝缘层中产生一个由栅极指向衬底的电场，该电场排斥栅极附近 P 型衬底的空穴，使之剩下了不能移动的负离子区，形成耗尽层；同时把 P 型衬底内的少子电子吸引到衬底表面；随着 $u_{GS}$ 增大，一方面耗尽层加宽，另一方面被吸引到衬底表面的电子增多，当 $u_{GS}$ 增大到一定数值时，在衬底表面形成了一个电子薄层，称为反型层，如图 3-7b 所示。这个反型层将两个 $N^+$ 型区相连，成为漏-源之间的导电沟道。通常将开始形成反型层所需的 $u_{GS}$ 值称为开启电压 $U_{GS(th)}$。$u_{GS}$ 越大，反型层越厚，导电沟道电阻越小。

在 $u_{GS}>U_{GS(th)}$ 后，若在漏-源之间加正向电压，则有漏极电流 $i_D$ 产生。当 $u_{DS}$ 较小时，

$i_D$ 随 $u_{DS}$ 的增大而线性上升。由于 $i_D$ 通过沟道形成自漏极到源极的电位差，所以加在"平板电容器"上的电压将沿着沟道变化。靠近源端的电位最大，其值为 $u_{GS}$，相应沟道最宽；靠近漏端电位最小，其值为 $u_{GD} = u_{GS} - u_{DS}$，相应沟道最窄，如图 3-7c 所示。当 $u_{GS}$ 一定时，随着 $u_{DS}$ 增大，$u_{GD}$ 减小，靠近漏端的沟道宽度也减小，直到 $u_{GD} = U_{GS(th)}$，即 $u_{GS} - u_{DS} = U_{GS(th)}$ 或 $u_{DS} = u_{GS} - U_{GS(th)}$ 时，靠近漏端的反型层消失，沟道在 A 点被夹断，称为预夹断，如图 3-7d 所示。若 $u_{DS}$ 继续增大，则夹断区域延长，如图 3-7e 所示。以后，由于 $u_{DS}$ 的增大部分几乎全部用于克服夹断区对漏极电流的阻力，所以 $i_D$ 几乎不随 $u_{DS}$ 的增大而变化，管子进入恒流区，$i_D$ 基本上由 $u_{GS}$ 控制。

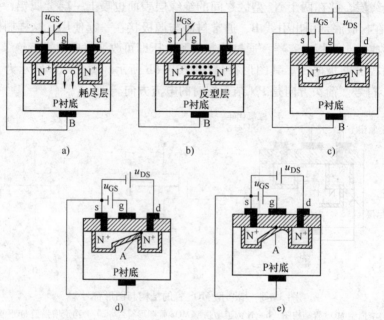

图 3-7  N 沟道增强型 MOS 管导电沟道的变化情况

**3. 特性曲线**

同 JFET 一样，输出特性曲线也分为 4 个区域，即可变电阻区、饱和区、截止区和击穿区，如图 3-8a 所示。转移特性曲线如图 3-8b 所示。在饱和区内，转移特性可近似地表示为

$$i_D = I_{DO}\left(\frac{u_{GS}}{U_{GS(th)}} - 1\right)^2$$

式中，$I_{DO}$ 是当 $u_{GS} = 2U_{GS(th)}$ 时的 $i_D$。

## 3.2.2  N 沟道耗尽型 MOS 管

**1. 结构与图形符号**

在制造 MOSFET 时，如果预先在二氧化硅绝缘层中掺入大量的正离子，那么即使 $u_{GS} = 0$，在正离子的作用下，P 型衬底表层也会被感应出反型层，形成 N 沟道，并与两个 $N^+$ 型区（源区和漏区）连接在一起，如图 3-9a 所示。只要在漏-源之间加正向电压，就会产生漏极电流 $i_D$。其图形符号如图 3-9b 所示。图 3-9c 所示为 P 沟道耗尽型 MOS 管图形符号。

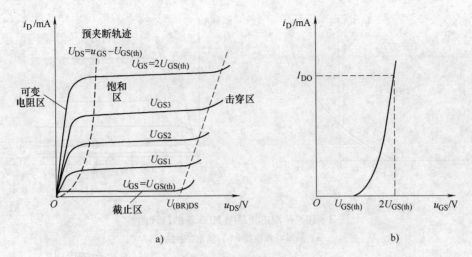

图 3-8 特性曲线

a) 输出特性曲线 b) 转移特性曲线

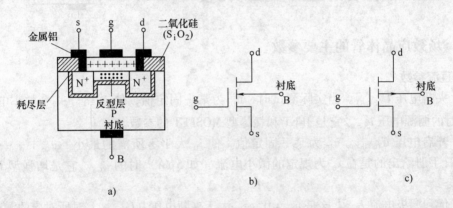

图 3-9 耗尽型 MOS 管的结构图与图形符号

a) N 沟道耗尽型 MOS 管结构图 b) N 沟道耗尽型 MOS 管图形符号 c) P 沟道耗尽型 MOS 管图形符号

## 2. 工作原理

若在栅-源之间加正电压，$u_{GS}$ 所产生的外电场增强了正离子所产生的电场，则会吸引更多的自由电子，沟道变宽，沟道电阻变小，$i_D$ 增大；若在栅-源之间加负电压，$u_{GS}$ 所产生的外电场削弱了正离子所产生的电场，则吸引的自由电子数量减少，沟道变窄，沟道电阻变大，$i_D$ 减小；当 $u_{GS}$ 负到一定值时，导电沟道消失，$i_D = 0$，此时的 $u_{GS}$ 值称为夹断电压 $U_{GS(off)}$。可见，耗尽型 MOSFET 的栅源电压 $u_{GS}$ 可正、可负，改变 $u_{GS}$ 就可以改变沟道宽度，从而控制漏极电流 $i_D$。由于这种管子的栅极和源极是绝缘的，所以栅极基本上无电流。

## 3. 特性曲线

N 沟道耗尽型 MOS 管的特性曲线如图 3-10 所示，它同 JFET 类似，不同之处在于其 $u_{GS}$ 可大于零，当 $u_{GS} > 0$ 时，$i_D > I_{DSS}$。在饱和区内，转移特性也可近似表示为

$$i_D = I_{DSS}\left(1 - \frac{u_{GS}}{U_{GS(off)}}\right)^2$$

57

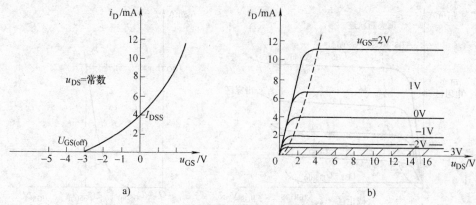

图 3 - 10　N 沟道耗尽型 MOS 管的特性曲线

a）转移特性曲线　b）输出特性曲线

## 3.3　场效应晶体管的主要参数与比较

### 3.3.1　场效应晶体管的主要参数

**1. 直流参数**

1）夹断电压 $U_{GS(off)}$。当实际测试时，$u_{DS}$ 为某一固定值，使 $i_D$ 等于一个微小电流（如 $5\mu A$）时的栅源电压 $u_{GS}$。它是 JFET 和耗尽型 MOSFET 的参数。

2）开启电压 $U_{GS(th)}$。$u_{DS}$ 为某一固定值，使 $i_D$ 大于零所需的最小 $|u_{GS}|$。一般场效应晶体管手册给出的是在 $i_D$ 为规定的微小电流（如 $5\mu A$）时的 $u_{GS}$。它是增强型 MOSFET 的参数。

3）饱和漏极电流 $I_{DSS}$。这是 $u_{GS}=0$、$u_{GD}$ 大于夹断电压 $|U_{GS(off)}|$ 时所对应的漏极电流。

4）直流输入电阻 $R_{GS(DC)}$。这是栅源电压与栅极电流的比值。由于场效应晶体管的栅极几乎不取电流，所以其输入电阻很大。一般 JFET 的 $R_{GS(DC)}$ 大于 $10^7\Omega$，而 MOSFET 的 $R_{GS(DC)}$ 大于 $10^9\Omega$。

**2. 交流参数**

1）低频跨导 $g_m$。在管子工作于恒流区且 $u_{DS}$ 为常数时，$i_D$ 的微变量 $\Delta i_D$ 和引起它变化的微变量 $\Delta u_{GS}$ 之比，即

$$g_m = \frac{\Delta i_D}{\Delta u_{GS}}\Bigg|_{u_{DS}=常数}$$

它反映了栅源电压对漏极电流的控制能力，$g_m$ 愈大，表示 $u_{GS}$ 对 $i_D$ 的控制能力愈强。$g_m$ 的单位是 S 或 mS。通常情况下，它在十分之几至几毫西的范围内。

$g_m$ 相当于转移特性曲线上工作点的斜率。它的估算值分别为

$$g_m = \frac{d[I_{DSS}(1-u_{GS}/U_{GS(off)})^2]}{du_{GS}} = -\frac{2I_{DSS}(1-u_{GS}/U_{GS(off)})}{U_{GS(off)}}$$

$$g_m = \frac{d[I_{DO}(u_{GS}/U_{GS(th)}-1)^2]}{du_{GS}} = \frac{2I_{DO}(u_{GS}/U_{GS(th)}-1)}{U_{GS(th)}}$$

2）极间电容。场效应晶体管的 3 个电极间存在着极间电容。通常栅－源间的极间电容 $C_{gs}$ 和栅－漏间的极间电容 $C_{gd}$ 约为 $1 \sim 3\mathrm{pF}$，而漏－源间的极间电容 $C_{ds}$ 约为 $0.1 \sim 1\mathrm{pF}$。它们是影响高频性能的微变参数，其值应越小越好。

3）漏极输出电阻 $r_{ds}$。这是当 $u_{GS}$ 为某一固定值时，$u_{DS}$ 的微变量和相应的 $i_D$ 的微变量之比，即

$$r_{ds} = \frac{\Delta u_{DS}}{\Delta i_D}\bigg|_{u_{GS}=常数} = \frac{u_{ds}}{i_d}\bigg|_{u_{gs}=0}$$

$r_{ds}$ 很大，一般在几十千欧到几百千欧之间。

**3. 极限参数**

1）最大耗散功率 $P_{DM}$。这是 $u_{DS}$ 和 $i_D$ 的乘积，即 $P_D = u_{DS}i_D$ 为其消耗功率，管子正常工作时允许的最大耗散功率即为 $P_{DM}$，它受管子最高温度的限制，在 $P_{DM}$ 被确定后，便可在管子的输出特性曲线上画出临界最大功耗线。

2）漏源击穿电压 $U_{(BR)DS}$。这是在管子进入恒流区后、使 $i_D$ 急剧上升的 $u_{DS}$ 值。如果超过此值，管子就会烧坏。

3）栅源击穿电压 $U_{(BR)GS}$。对于 JFET，使栅极与沟道间 PN 结反向击穿的 $u_{GS}$ 值；对于 MOSFET，是使栅极与沟道之间的绝缘层击穿的 $u_{GS}$ 值。

### 3.3.2　各类场效应晶体管的比较

前面主要讨论了 N 沟道型场效应晶体管的原理和特性曲线，这些分析对 P 沟道型场效应晶体管也基本适用。下面把各类场效应晶体管的比较列于表 3 - 1 中。

表 3 - 1　各类场效应晶体管的比较表

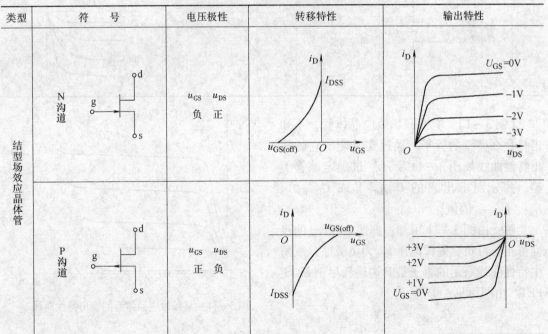

| 类型 | | 符号 | 电压极性 | 转移特性 | 输出特性 |
|---|---|---|---|---|---|
| 结型场效应晶体管 | N 沟道 | | $u_{GS}$ 负　$u_{DS}$ 正 | | |
| | P 沟道 | | $u_{GS}$ 正　$u_{DS}$ 负 | | |

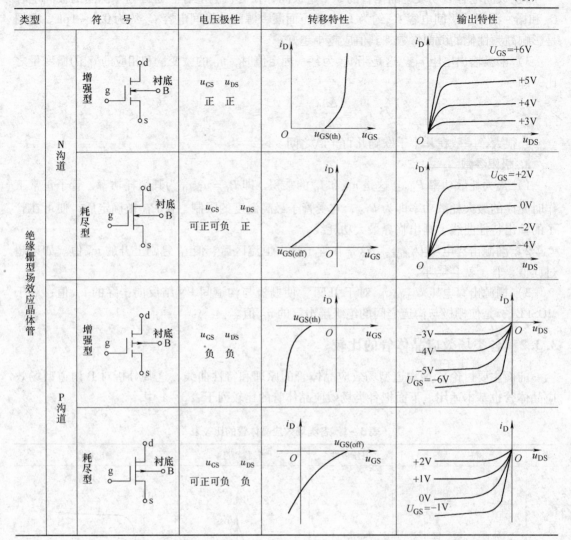

| 类型 | 符号 | | 电压极性 | 转移特性 | 输出特性 |
|---|---|---|---|---|---|
| 绝缘栅型场效应晶体管 | N沟道 | 增强型 | $u_{GS}$ $u_{DS}$ 正 正 | | |
| | | 耗尽型 | $u_{GS}$ $u_{DS}$ 可正可负 正 | | |
| | P沟道 | 增强型 | $u_{GS}$ $u_{DS}$ 负 负 | | |
| | | 耗尽型 | $u_{GS}$ $u_{DS}$ 可正可负 负 | | |

【例3-1】 有一只场效应晶体管，不知道是什么类型的管子，通过实验测出它的输出特性曲线如图3-11所示。试确定该管类型，并分别求出它的 $U_{GS(off)}$（或 $U_{GS(th)}$）、$I_{DSS}$、$U_{(BR)DS}$ 的值。

解：由图3-11可知，栅源电压 $u_{GS}$ 的极性可正、可负，漏源电压 $u_{DS}$ 为负极性，故图中特性曲线所示的管子是P沟道耗尽型MOSFET。由图可见

$$U_{GS(off)} = +3V$$

$$U_{(BR)DS} = -15V$$

$$I_{DSS} = -4mA$$

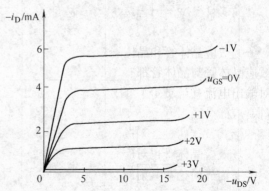

图3-11 某场效应晶体管的输出特性曲线

### 3.3.3 场效应晶体管与晶体管的比较

场效应晶体管与晶体管的比较表如表 3-2 所示。

表 3-2 场效应晶体管与晶体管的比较表

| 性能 \\ 器件 | 晶体管 | 场效应晶体管 |
|---|---|---|
| 导电结构 | 自由电子和空穴都参与导电 | 仅有自由电子或空穴参与导电 |
| 控制方式 | 电流控制（$i_B$ 控制 $i_C$） | 电压控制（$u_{GS}$ 控制 $i_D$） |
| 放大系数 | $\beta = 20 \sim 200$ | $g_m = 1 \sim 5\text{mS}$ |
| 管子类型 | NPN 型和 PNP 型 | N 沟道和 P 沟道（JFET 及 MOSFET）<br>增强型和耗尽型（MOSFET） |
| 受温度影响 | 大 | 小 |
| 噪声 | 较大 | 较小 |
| 抗辐射能力 | 差 | 强 |
| 制造工艺 | 较复杂 | 简单（特别是 MOSFET），适于集成 |

**注意：**

1）MOS 管由于输入电阻很高，栅极感应电荷不易泄放，感应电荷的积累容易造成栅极击穿，所以，在实际使用时栅极应禁止开路，保存时各个电极需短接在一起。焊接时，电烙铁应接地良好，最好断电后再焊接。操作人员的双手在触摸 MOS 管之前，应先触摸大地（如金属管道）释放静电，以免损坏 MOS 管的栅极。

2）场效应晶体管的源极和漏极一般可以互换使用，但如果管子内部已将衬底与源极连在一起就不能互换。

3）结型场效应晶体管的栅压不能接反，若使 PN 结正偏，则将造成栅流过大，使管子损坏。

## 3.4 场效应晶体管放大电路

场效应晶体管和晶体管一样能实现信号的控制，故也能组成放大电路。从结构上看，场效应晶体管与晶体管都有 3 个极，分别是 g，d，s 和 b，c，e；从工作原理上看，它们都有对输出电流（$i_D$ 或 $i_C$）的控制作用。通过对这两种器件的比较，可以看到它们之间有着某种对应的关系，即 g 极对应 b 极，d 极对应 c 极，s 极对应 e 极。可见，按照晶体管放大电路的形式及这两种管子的对应关系，就能构成场效应晶体管放大电路了。晶体管有 3 种接法，场效应晶体管也对应有 3 种接法，分别是共源、共漏和共栅，它们可以组成 3 种基本电路。下面先讨论与共射对应的共源极放大电路。

### 3.4.1 共源极放大电路

#### 1. 自偏压共源极放大电路

N 沟道耗尽型 MOS 管自偏压共源极放大电路原理图如图 3-12a 所示。

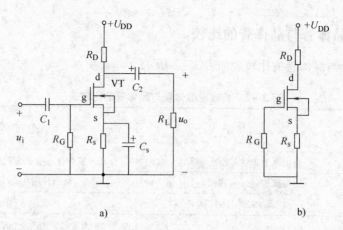

图 3 – 12  N 沟道耗尽型 MOS 管自偏压共源极放大电路原理图与其直流通路
a)  原理图    b)  直流通路

（1）静态分析

图 3 – 12a 所示的直流通路如图 3 – 12b 所示。由于栅极电流近似为零，所以 $U_{GQ} \approx 0$。由直流通路可得

$$U_{GSQ} = U_{GQ} - U_{SQ} = -I_{DQ}R_s$$

这种利用静态漏极电流 $I_D$ 在源极电阻 $R_s$ 上产生的压降作为栅源偏置电压的方式称为自偏压。显然，只要选择合适的 $R_s$，就可以获得适当的偏置电压和静态工作点 Q。

管子工作在恒流区时有

$$I_{DQ} = I_{DSS}\left(1 - \frac{U_{GSQ}}{U_{GS(off)}}\right)^2$$

联合以上两式求解，根据恒流区的条件，选出合理的一组 $I_{DQ}$ 和 $U_{GSQ}$。另外，由直流通路还可得

$$U_{DSQ} = U_{DD} - I_{DQ}(R_D + R_S)$$

则可以确定 Q 点。

需要注意的是，自偏压电路的栅极电压为零，故 $U_{GS}$ 与 $U_{DS}$ 总是反向的，因此，此偏置方法只适用于 JFET 或耗尽型 MOS 管放大电路，而不适用于增强型 MOS 管放大电路。

（2）动态分析

如果输入信号很小，场效应晶体管工作在线性放大区（即输出特性中的恒流区）时，与晶体管一样，可用小信号模型法进行动态分析。

将场效应晶体管看成一个两端口网络，栅极与源极之间视为输入端口，漏极与源极之间视为输出端口。以 N 沟道耗尽型 MOS 管为例，可认为栅极电流为零，栅 – 源之间只有电压存在。漏极电流 $i_D$ 是栅源电压 $u_{GS}$ 和漏源电压 $u_{DS}$ 的函数 $i_D = f(u_{GS}, u_{DS})$，从场效应晶体管的特性曲线可知，当小信号作用时，管子的电压和电流在 Q 点附近变化，可认为在 Q 点附近的特性是线性的，则有 $i_d = g_m u_{GS} + u_{ds}/r_{ds}$，因此漏源之间可等效为受控电流源。N 沟道耗尽型 MOS 管微变等效电路如图 3 – 13b 所示。

图 3 – 12a 的交流通路如图 3 – 14a 所示，其微变等效电路如图 3 – 14b 所示（由于 $r_{ds}$ 很大，这里可看成开路）。

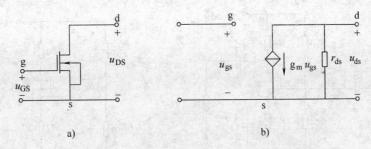

图 3 – 13　N 沟道耗尽型 MOS 管及其微变等效电路

a）N 沟道耗尽型 MOS 管　b）N 沟道耗尽型 MOS 管的微变等效电路

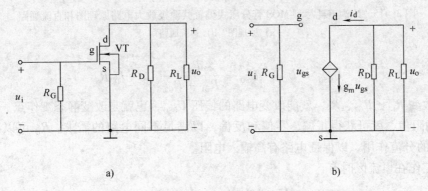

图 3 – 14　自偏压共源极放大电路的交流通路和微变等效电路

a）交流通路　b）微变等效电路

1）电压放大倍数

由图 3 – 14b 可得

$$A_u = \frac{u_o}{u_i} = -\frac{i_d R'_L}{u_{gs}} = -\frac{g_m u_{gs} R'_L}{u_{gs}} = -g_m R'_L$$

式中，$R'_L = R_D /\!/ R_L$，负号表示输出电压与输入电压反相。

2）输入电阻

$$R_i = R_G$$

3）输出电阻

$$R_o = R_D$$

**2. 分压式偏置共源极放大电路**

N 沟道耗尽型 MOS 管分压式偏置共源极放大电路原理图如图 3 – 15a 所示。由图可知，该电路的栅源电压 $U_{GS}$ 不仅跟 $R_G$ 有关，而且受 $R_{G1}$ 和 $R_{G2}$ 的影响，因而适应性较强，适用于各种场效应晶体管放大电路。

（1）静态分析

图 3 – 15a 所示的直流通路如图 3 – 15b 所示。由于栅极电流近似为零，所以 $I_{GQ} \approx 0$，由直流通路可得

$$U_{GQ} = \frac{R_{G2}}{R_{G1} + R_{G2}} U_{DD}$$

$$U_{SQ} = I_{DQ} R_S$$

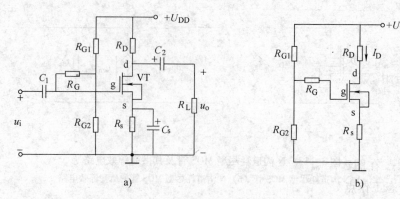

图 3-15　N 沟道耗尽型 MOS 管分压式偏置共源极放大电路原理图和直流通路
a）原理图　b）直流通路

$$U_{GSQ} = U_{GQ} - U_{SQ} = \frac{R_{G2}}{R_{G1} + R_{G2}} U_{DD} - I_{DQ} R_S$$

只要改变 $R_{G1}$、$R_{G2}$、$R_s$，就能改变电路的偏压 $U_{GSQ}$，也就是改变静态工作点。适当选择 $R_{G1}$、$R_{G2}$ 的阻值，就可获得正偏、零偏和反偏，以满足不同电路的需求。$R_G$ 可以减小 $R_{G1}$、$R_{G2}$ 对信号的分流作用，以保证电路有高输入电阻。

管子工作在恒流区时有

$$I_{DQ} = I_{DSS} \left( 1 - \frac{U_{GSQ}}{U_{GS(off)}} \right)^2$$

联合以上两式求解，根据恒流区的条件，选出合理的一组 $I_{DQ}$ 和 $U_{GSQ}$。另外，由直流通路还可得

$$U_{DSQ} = U_{DD} - I_{DQ} \ (R_D + R_s)$$

则可以确定 Q 点。

（2）动态分析

图 3-15a 所示的交流通路和微变等效电路如图 3-16 所示（由于 $r_{ds}$ 很大，这里看成开路）。

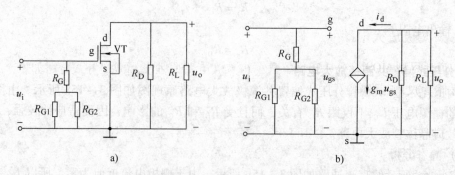

图 3-16　N 沟道耗尽型 MOS 管分压式偏置共源极放大电路的交流通路和微变等效电路
a）交流通路　b）微变等效电路

1）电压放大倍数

由图 3-16b 可得

$$A_u = \frac{u_o}{u_i} = -\frac{i_d R_L'}{u_{gs}} = -\frac{g_m u_{gs} R_L'}{u_{gs}} = -g_m R_L'$$

式中，$R_L' = R_D /\!/ R_L$。负号表示输出电压与输入电压反相。

2）输入电阻

$$R_i = R_G + (R_{G1} /\!/ R_{G2})$$

3）输出电阻

$$R_o = R_D$$

【例3－2】　在图3－15所示的放大电路中，已知场效应晶体管的参数 $U_{GS(off)} = -4V$，$I_{DSS} = 4mA$，静态工作点处 $g_m = 1mA/V$，$U_{DD} = 18V$，$R_{G1} = 250k\Omega$，$R_{G2} = 50k\Omega$，$R_G = 1M\Omega$，$R_s = R_D = R_L = 5k\Omega$，试计算该电路的静态工作点、电压放大倍数、输入电阻和输出电阻。

解：

1）解方程组

$$\begin{cases} I_{DQ} = I_{DSS}\left(1 - \dfrac{U_{GSQ}}{U_{GS(off)}}\right)^2 \\ U_{GSQ} = \dfrac{R_{G2}}{R_{G1} + R_{G2}}U_{DD} - I_{DQ}R_s \end{cases}$$

代入参数得

$$\begin{cases} I_{DQ} = 4\left(1 - \dfrac{U_{GSQ}}{-4}\right)^2 \\ U_{GSQ} = \dfrac{50}{50 + 250} \times 18 - I_{DQ} \times 5 \end{cases}$$

解方程得 $I_{DQ} = 1mA$，$U_{GSQ} = -2V$（要注意 $U_{GSQ} > U_{GS(off)}$，否则不合理，舍去）。

$$U_{DSQ} = U_{DD} - I_{DQ}(R_D + R_s)$$
$$= 18 - 1 \times (5 + 5) = 8V$$

2）　　　　　$A_u = -g_m R_L' = -1 \times (5 /\!/ 5) = -2.5$

3）　　　　　$R_i = R_G + R_{G1} /\!/ R_{G2} \approx R_G = 1M\Omega$

$$R_o = R_D = 5k\Omega$$

## 3.4.2　共漏极放大电路

N 沟道耗尽型 MOS 管分压式偏置共漏极放大电路原理图和微变等效电路如图3－17所示。与晶体管放大电路中的射极输出器类似，可将场效应晶体管共漏极放大电路看成具有高输入电阻、低输出电阻的源极输出器。

图3－17所示的静态分析与图3－15的分析相类似，这里就不再重复。下面仅对电路进行动态分析。图3－17a所示的微变等效电路如图3－17b所示。

（1）电压放大倍数

由图3－17b可得

$$A_u = \frac{u_o}{u_i} = \frac{i_d R_L'}{u_{gs} + u_o} = \frac{g_m u_{gs} R_L'}{u_{gs} + g_m u_{gs} R_L'} = \frac{g_m R_L'}{1 + g_m R_L'}$$

式中，$R_L' = R_s /\!/ R_L$。

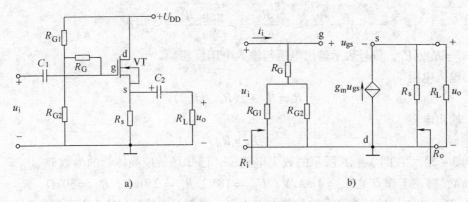

图3-17　N沟道耗尽型MOS管分压式偏置共漏极放大电路原理图和微变等效电路

a）原理图　b）微变等效电路

可见，源极输出器的电压放大倍数略小于1，输出电压与输入电压同相。

（2）输入电阻

$$R_i = R_G + （R_{G1} /\!/ R_{G2}）$$

（3）输出电阻

与射极跟随器类似，求输出电阻时，令 $u_i = 0$，并去掉负载 $R_L$，在输出端加一电压 $u$，则可画成如图3-18所示的等效电路形式。

由图得
$$i = \frac{u}{R_s} - g_m u_{gs} = \frac{u}{R_s} + g_m u = \left（\frac{1}{R_s} + g_m\right）u$$

所以有
$$R_o = \frac{u}{i} = \frac{1}{1/R_s + g_m} = R_s /\!/ \frac{1}{g_m}$$

可见，输出电阻除了与 $R_s$ 有关，还与 $g_m$ 有关。$g_m$ 越大，输出电阻越小。

共栅极放大电路与晶体管共基极放大电路特性十分相似，其输出电压与输入电压同相，输入电阻较小。这种电路在低频放大器中用处不大，这里不再介绍。顺便指出的是，共栅极放大电路中场效应晶体管极间电容对高频特性的影响小，故适用于高频电路。

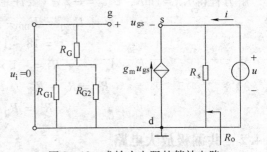

图3-18　求输出电阻的等效电路

## 3.5　实训　场效应晶体管放大电路的调试

**1. 实训目的**

1）掌握场效应晶体管静态工作点的调试方法。

2）掌握场效应晶体管放大电路主要性能指标的测试方法。

3）进一步熟悉场效应晶体管放大电路的原理。

**2. 实训器材**

1）直流稳压电源1台。

2）低频信号发生器 1 台。

3）双踪示波器 1 台。

4）交流毫伏表 1 台。

5）万用表 1 台。

6）电路板 1 块。

**3. 实训电路与原理**

实训结型场效应晶体管放大器电路图如图 3 – 19 所示。

**4. 实训内容与步骤**

（1）电路制作

按照电路图 3 – 19 将所有元器件正确焊接在电路板上。

（2）静态工作点的调试

1）调节直流稳压电源的输出为 12V，接到实验电路的 $U_{DD}$ 和地之间。

2）调节低频信号发生器，使其输出为

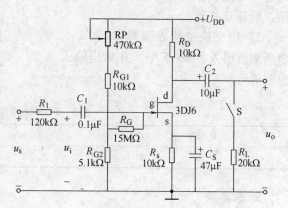

图 3 – 19　结型场效应晶体管放大器电路图

10mV、1kHz 的正弦波电压，接到实验电路的 $u_i$ 端，将示波器接到输出端。

3）调节输入信号幅度直至输出波形出现失真，此时再调节电位器 RP，使输出波形上、下削波程度相同。

4）去掉输入信号，用万用表测量静态工作点，并填入表 3 – 3 中。

表 3 – 3　静态工作点测试表

| 源极电位 $U_S$/V | 漏极电位 $U_D$/V | $I_D = (U_{DD} - U_D) / R_D$ |
| --- | --- | --- |
| | | |

（3）电压放大倍数的测量

1）调节低频信号发生器，使其输出为 100mV、1kHz 的正弦波电压，接到实验电路的 $u_i$ 端。

2）断开开关 S，用交流毫伏表测量输入电压 $U_i$ 和输出电压 $U_o$。

3）接通开关 S，再用交流毫伏表测量输入电压 $U_i$ 和输出电压 $U_o$（此时输出电压可记为 $U_{oL}$）。将数据填入表 3 – 4 中。

表 3 – 4　电压放大倍数测量表

| 测试条件 | $U_i$/mV | $U_o$/mV、$U_{oL}$/mV | $A_u = U_o/U_i$ |
| --- | --- | --- | --- |
| 空载 | | | |
| 带载 | | | |

4）将双踪示波器接入电路的 $u_i$ 和 $u_o$ 端，分别绘制它们的波形于图 3 – 20 中，注意波形大小和相位关系。

67

（4）输出电阻 $R_o$ 的计算

根据以上测得的数据，计算输出电阻 $R_o = [(U_o/U_{oL}) - 1]R_L$。

（5）输入电阻 $R_i$ 的测量

1）保持输入信号不变并接到 $u_s$ 端，断开开关 S。

2）用交流毫伏表测量 $U_i$ 和 $U_s$，将所测值填入表 3 - 5 中，并算出输入电阻 $R_i$。

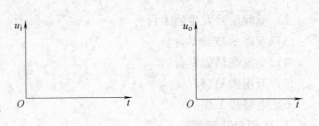

a)                      b)

图 3 - 20　绘制波形
a）$u_i$ 波形　b）$u_o$ 波形

表 3 - 5　输入电阻 $R_i$ 测量表

| $U_s/mV$ | $U_i/mV$ | $R_i = [U_i/(U_s - U_i)]R_l$ |
| --- | --- | --- |
|  |  |  |

**5. 思考题**

1）场效应晶体管放大器输入与输出电压的相位有什么关系？

2）如何用万用表判别结型场效应晶体管的源极、漏极和栅极？

3）场效应晶体管放大器与晶体管放大器有何异同点？

4）与晶体管放大器相比，场效应晶体管放大器输入回路的电容 $C_1$ 为什么可以取得小一些？

## 3.6　习题

1. 与晶体管相比，场效应晶体管有哪些特点？

2. 分别判断图 3 - 21 所示各电路中的场效应晶体管是否有可能工作在恒流区？

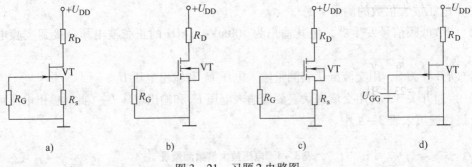

a)　　　　　　　　b)　　　　　　　　c)　　　　　　　　d)

图 3 - 21　习题 2 电路图

3. 判断下述场效应晶体管工作的区域。

1）N 沟道 JFET，$U_{GS(off)} = -4V$，$U_{GS} = -5V$，$U_{DS} = 6V$。

2）N 沟道增强型 MOS 管，$U_{GS(th)} = 3V$，$U_{GS} = 5V$，$U_{DS} = 4V$。

3）N 沟道耗尽型 MOS 管，$U_{GS(off)} = -3.5V$，$U_{GS} = 1V$，$U_{DS} = 4V$。

4. 结型场效应晶体管共源极电路如图 3 - 22 所示。已知 $U_{GS(off)} = -5V$，试分析以下 3

种情况下场效应晶体管的工作状态。

1）$U_{GS} = -7V$，$U_{DS} = 4V$。

2）$U_{GS} = -3V$，$U_{DS} = 4V$。

3）$U_{GS} = -3V$，$U_{DS} = 1V$。

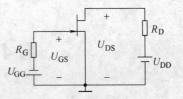

图 3-22　习题 4 电路图

5．已知 N 沟道耗尽型 MOS 管，$U_{GS(off)} = -5V$，$I_{DSS} = 10mA$，且工作在恒流区。求 $u_{GS} = -2V$ 时的 $i_D$ 和 $g_m$。

6．测得放大电路中一工作在恒流区的 N 沟道场效应晶体管的 3 个电极对地电位分别为 $U_1 = 4V$、$U_2 = 8V$、$U_3 = 12V$。试判断它是哪种管子类型（结型、增强型 MOS 管还是耗尽型 MOS 管?），并确定 g、s、d 极。

7．当 $U_{GS} = 0V$ 时，能够工作在恒流区的场效应晶体管有哪些?

8．已知某管子的输出特性曲线如图 3-23 所示。试分析该管是何种类型的场效应晶体管。

9．已知电路如图 3-15a 所示，$U_{DD} = 24V$，$R_D = 10k\Omega$，$R_s = 8k\Omega$，$R_L = 10k\Omega$，$R_G = 1M\Omega$，$R_{G1} = 200k\Omega$，$R_{G2} = 100k\Omega$，$g_m = 1mS$，$I_{DSS} = 1mA$，$U_{GS(off)} = -2V$。求静态工作点及电压放大倍数 $A_u$、输入电阻 $R_i$ 和输出电阻 $R_o$。

10．已知电路如图 3-17a 所示，$U_{DD} = 20V$，$R_s = 10k\Omega$，$R_L = 10k\Omega$，$R_G = 10M\Omega$，$R_{G1} = 300k\Omega$，$R_{G2} = 200k\Omega$，$g_m = 3mS$。求电压放大倍数 $A_u$、输入电阻 $R_i$ 和输出电阻 $R_o$。

11．已知电路如图 3-24 所示，$U_{DD} = 20V$，$R_{S1} = 2k\Omega$，$R_{S2} = 10k\Omega$，$R_G = 2M\Omega$，$R_{G1} = 300k\Omega$，$R_{G2} = 100k\Omega$，$R_D = 10k\Omega$，$g_m = 1mS$。绘制其微变等效电路，并求空载电压放大倍数和输入电阻。

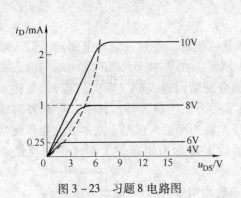

图 3-23　习题 8 电路图

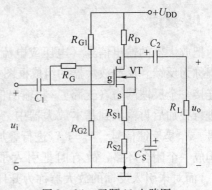

图 3-24　习题 11 电路图

# 第4章 负反馈放大电路

**本章要点**

- 反馈的类型与判断方法
- 负反馈对放大电路性能的影响
- 深度负反馈的分析计算
- 负反馈放大电路的稳定方法

在基本放大电路中，信号都是从输入端送入，经放大后从输出端输出，再加到负载上的，这种信号从输入到输出的传输称为正向传输。但在实际的放大电路中，一般都加有不同类型的反馈，即把输出信号的一部分或全部反送回到输入端。本章将介绍反馈的基本概念、反馈类型、反馈对放大电路的影响，及深度负反馈放大电路的计算方法，总结引入负反馈的一般原则及负反馈放大电路的稳定问题。

## 4.1 反馈的基本概念

### 4.1.1 反馈

把放大器的输出信号（电压或电流）的一部分或全部，经过一定的电路送回输入端的过程称为反馈。反馈放大器的组成框图如图 4 - 1 所示。在基本放大器的输出端与输入端之间连接一个反馈网络（支路），将输出信号的一部分反馈回输入端（反向传输），与输入信号进行叠加后再输入到基本放大器中，这就构成了一个反馈放大器。其中，$X_i$ 是外部输入信号，$X_f$ 是反馈信号，$X_f$ 与 $X_i$ 进行叠加后的信号 $X_i'$ 称为净输入信号。基本放大器和反馈网络构成一个闭合环路，故有时把引入了负反馈的放大器称为闭环放大器（也叫反馈放大器），而对未引入反馈的放大器称为开环放大器。

本章只介绍放大电路在中频区的性能，所有参数均用实数表示。

图 4 - 1  反馈放大器组成框图

判断一个放大器是否存在反馈，就看它的输入回路与输出回路之间是否存在反馈支路，若存在反馈支路，则存在反馈；否则，就不存在反馈。

在电路中判断反馈支路的方法如下：找到输入回路与输出回路，判断是否满足以下两种情况之一。

1）看是否有一条支路是输入回路与输出回路的公用支路。

2）看是否有一条支路，一端接在输入回路上，另一端接在输出回路上。

上述两种情况满足其中之一，即存在反馈，而该支路即为反馈支路（注：公共电源和公共接地端不属于反馈支路）。

例如，在图 4-2 所示的电路中，输入回路：$u_i$ 正极 $\rightarrow C_1 \rightarrow$ 晶体管的基极 $\rightarrow$ 晶体管的发射极 $\rightarrow R_E \rightarrow$ 地；输出回路：$u_o$ 正极 $\rightarrow C_2 \rightarrow$ 晶体管的集电极 $\rightarrow$ 晶体管的发射极 $\rightarrow R_E \rightarrow$ 地。$R_E$ 所在的支路为输入和输出回路的公共支路，满足条件 1），该放大电路存在反馈，反馈支路是 $R_E$ 所在的电路。在图 4-3 所示的反馈放大器 2 电路中，$R_1$ 所在的支路一端接在输入端，另一端接在输出端，符合条件 2），该放大电路存在反馈，反馈支路是 $R_1$ 所在的电路。

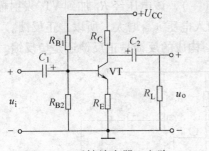

图 4-2　反馈放大器 1 电路

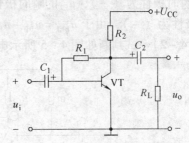

图 4-3　反馈放大器 2 电路

## 4.1.2　反馈的分类与判断

### 1. 正反馈、负反馈及判断方法

根据从输出端反馈的信号是增强了输入信号还是减弱了输入信号来划分，可分为正反馈和负反馈。

（1）正反馈

如果反馈信号增强了输入信号，即在输入信号不变时输出信号比没有反馈时增强，导致放大倍数增大，这种反馈称为正反馈。正反馈能使放大倍数增大，但也会使放大电路的工作稳定性变差，甚至产生自激振荡，破坏其放大作用，故在放大电路中很少使用。

（2）负反馈

如果反馈信号削弱了输入信号，即在输入信号不变时输出信号比没有反馈时减弱，导致放大倍数减小，这种反馈就称为负反馈。负反馈在放大电路中应用较多，虽然它降低了放大倍数，但却可以改善放大电路的性能。本章主要介绍负反馈。

（3）判断方法

1）瞬时极性法。判断是正反馈还是负反馈常用瞬时极性法，即先假定输入信号的瞬时值对地有一正向的变化，即瞬时极性为（+）（瞬时电位升高）；然后按信号先放大、后反馈的传输途径，根据放大电路在中频区电压的相位关系（共射电路的 $u_c$ 与 $u_b$ 反相；共基电路的 $u_c$ 与 $u_e$ 同相；共集电路的 $u_e$ 与 $u_b$ 相等），依次得到各级放大电路的输入信号与输出信号的瞬时极性是（+）还是（-）；最后推出反馈信号的瞬时极性，从而判断反馈信号是加强输入信号还是削弱输入信号，加强的（即净输入信号增大）为正反馈，削弱的（即净输入信号减小）为负反馈。

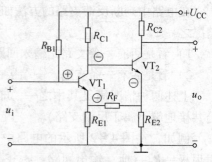

图 4 - 4　例题 4 - 1 电路

2）经验判断法。若反馈信号与原假定的输入信号接在同一电极上（如原假定信号从基极输入，反馈回来的信号也加在基极），则两者极性相同为正反馈，否则为负反馈；若反馈信号与原假定的输入信号不在同一电极上（如原假定输入信号从基极输入，反馈回来的信号加在发射极），则两者极性相同为负反馈，否则为正反馈。

**【例 4 - 1】**　试判断如图 4 - 4 所示电路中 $R_F$ 引入的反馈是正反馈还是负反馈。

解：设 $u_i$ 的瞬时极性为（ + ），则 $u_{B1}$ 的瞬时极性也为（ + ），经过 VT₁ 反相后 $u_{C1}$（即 $u_{B2}$）的瞬时极性为（ - ），$u_{E2}$ 的瞬时极性也为（ - ），该电压经 $R_F$ 加到 VT₁ 发射极，则 $u_{E1}$ 的瞬时极性为（ - ），由于 $u_{BE1} = u_{B1} - u_{E1}$，净输入电压 $u_{BE1}$ 增大，所以是正反馈。

**【例 4 - 2】**　试判断如图 4 - 5 所示电路中 $R_F$ 构成的反馈是正反馈还是负反馈。

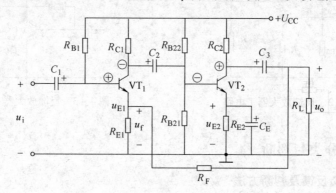

图 4 - 5　例题 4 - 2 电路

解：假定两级放大器输入端信号极性为上正下负，即 VT₁ 基极对地的极性为（ + ），集电极倒相后对地极性为（ - ），该信号作为 VT₂ 的基极输入信号，倒相后使 VT₂ 集电极输出为（ + ），通过 $R_F$ 反馈至 $R_{E1}$ 的电压对地极性为（ + ），故输入信号与反馈信号不在同一电极，且极性相同，可判断该反馈为负反馈。

**2. 电压反馈、电流反馈及判断方法**

按反馈网络在输出端的取样方式划分，反馈可分为电压反馈和电流反馈。

（1）电压反馈

若反馈信号取自输出电压，即 $X_f$ 正比于输出电压，$X_f$ 反映的是输出电压的变化，则称之为电压反馈，如图 4 - 6a 所示。这时，基本放大器、反馈网络、负载三者在输出取样端是并联连接的。

（2）电流反馈

若反馈信号取自输出电流，即 $X_f$ 正比于输出电流，$X_f$ 反映的是输出电流的变化，则称之为电流反馈，如图 4 - 6b 所示。这时，基本放大器、反馈网络、负载三者在输出取样端是串联连接的。

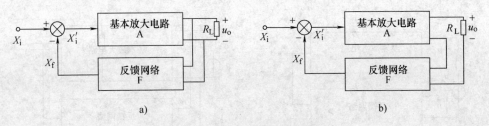

图 4 - 6 电压反馈和电流反馈框图

a）电压反馈框图 b）电流反馈框图

（3）判断方法

1）输出短路法。由于电压反馈的 $X_f$ 与 $u_o$ 成正比，电流反馈的 $X_f$ 与 $i_o$ 成正比，则若把放大电路的负载短路，即 $u_o = 0$，电压反馈的 $X_f$ 为零，而电流反馈的 $X_f$ 不为零，所以，若将放大器的输出端对地短路，反馈信号随之消失，则为电压反馈，否则为电流反馈。

2）按取样的位置判断。除公共端外，若反馈信号取自输出端，则为电压反馈，否则为电流反馈。

**【例 4 - 3】** 试判断如图 4 - 7 所示电路的反馈是电压反馈还是电流反馈？

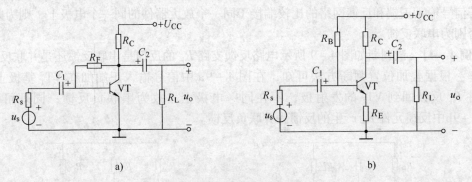

图 4 - 7 例题 4 - 3 电路

a）$R_F$ 为反馈元件 b）$R_E$ 为反馈元件

解：在图 4 - 7a 中，$R_F$ 是反馈元件，输出端对地短路，反馈信号不存在，因此是电压反馈；或根据 $R_F$ 与输出端相连，也可判定为电压反馈。

在图 4 - 7b 中，$R_E$ 是反馈元件，输出端对地短路，反馈信号依然存在，因此是电流反馈；或根据 $R_E$ 不与输出端相连，也可判定为电流反馈。

**3. 串联反馈、并联反馈及判断方法**

按输入信号和反馈信号在输入端的比较方式划分，可分为串联反馈和并联反馈，如图 4 - 8 所示。

（1）串联反馈

若输入信号、基本放大器、反馈网络三者在比较端是串联连接，则称为串联反馈，这时，反馈信号与原输入信号以电压形式进行叠加，在负反馈时，使净输入电压 $u_i' = u_i - u_f$。

（2）并联反馈

若输入信号、基本放大器、反馈网络三者在比较端是并联连接，则称为并联反馈，这时，反馈信号与原输入信号以电流形式进行叠加，在负反馈时，使净输入电流 $i_i' = i_i - i_f$。

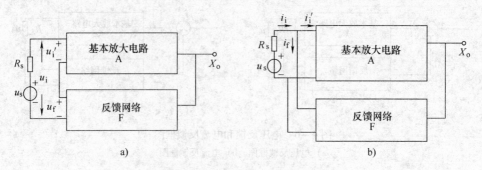

图 4 - 8　串联反馈和并联反馈框图

a) 串联反馈框图　b) 并联反馈框图

（3）判断方法

1）交流短路法

将信号源视作交流短路，若反馈信号依然能加到基本放大器中，则为串联反馈；否则为并联反馈。

2）按叠加位置判断

若信号输入正端和反馈网络的比较端接于同一个放大器件的同一个电极上，则为并联反馈；否则为串联反馈。

【例 4 - 4】　试判断如图 4 - 9 所示电路反馈支路 $R_F$ 的反馈是串联反馈还是并联反馈？

解：根据叠加位置判断方法可知，在图 4 - 9a 中信号输入正端加在 $VT_1$ 基极上，反馈元件 $R_F$ 反馈回到 $VT_1$ 的发射极，不在同一电极上，故为串联负反馈；同理可判断，在图 4 - 9b 中反馈元件 $R_F$ 产生的反馈为并联负反馈。

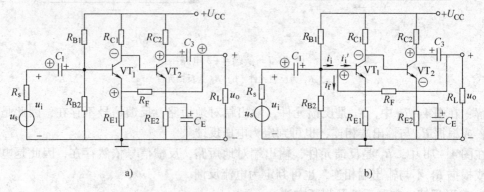

图 4 - 9　例 4 - 4 电路

a) 串联负反馈电路　b) 并联负反馈电路

**4. 直流反馈、交流反馈及判断方法**

按反馈信号的频率划分，可分为直流反馈和交流反馈。

（1）直流反馈

若反馈信号中只含直流成分，则称为直流反馈。

（2）交流反馈

若反馈信号中只含交流成分，则称为交流反馈。

（3）判断方法

只要看反馈网络能否通过交流或直流信号就可判定。由于直流和交流叠加后仍为交流，所以有时把既含直流反馈也含交流反馈的电路统称为交流反馈。本章重点讨论交流反馈。

例如，图4-9a所示，由于$C_3$的隔直通交作用，$R_F$引入的是交流反馈，由于$C_E$的旁路作用，$R_{E2}$引入的是直流反馈。

**5. 本级反馈和级间反馈**

（1）本级反馈

若反馈信号是从同一级的输出反馈回到同一级的输入，则称为本级反馈。例如，图4-9a中$R_{E1}$和$R_{E2}$均为本级反馈。

（2）级间反馈

若反馈信号是从后级的输出反馈回到前级的输入，则称为级间反馈。例如，图4-9a中$R_F$为级间反馈。

## 4.1.3 负反馈的4种组态

综上所述，根据反馈信号在输出端的取样方式以及在输入回路连接方式的不同组合，负反馈放大器可以分为如下4种组态，即电压串联负反馈、电压并联负反馈、电流串联负反馈和电流并联负反馈。

负反馈放大器的4种基本组态电路框图如图4-10所示，图4-10a所示为电压串联负反馈，图4-10b所示为电压并联负反馈，图4-10c所示为电流串联负反馈，图4-10d所示为电流并联负反馈。

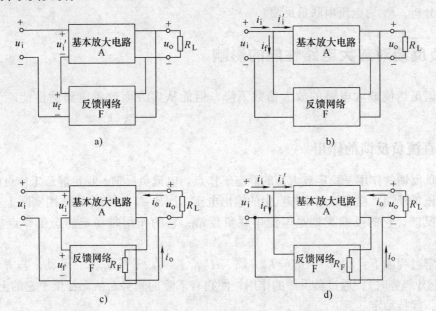

图4-10 负反馈放大器的4种基本组态

a）电压串联负反馈 b）电压并联负反馈 c）电流串联负反馈 d）电流并联负反馈

可以推导，凡是电压负反馈都能稳定输出电压，凡是电流负反馈都能稳定输出电流，即负反馈具有稳定被采样的输出量的作用。

**【例 4 - 5】**  试判断如图 4 - 11 所示电路的反馈类型。

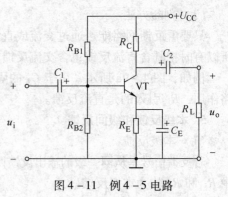

图 4 - 11  例 4 - 5 电路

解：

（1）判断步骤

1）分析电路中是否存在反馈。

2）若电路中确实存在反馈，则判断是正反馈还是负反馈。

3）在输出回路中，分析反馈信号取自于输出电压还是输出电流，以判断是电压反馈还是电流反馈。

4）在输入回路中，分析反馈信号与原输入信号是串联还是并联，以判断它是串联反馈还是并联反馈。

（2）具体分析过程

1）由于 $R_E$ 不仅属于输入回路，也属于输出回路，所以它能将输出信号的一部分取出来馈送给输入回路，从而影响原输入信号，因此它是该电路的反馈元件，电路存在着反馈。

2）设信号源瞬时极性为上正下负，加到晶体管发射极的电压也为上正下负，晶体管的射极电压就是反馈信号电压，两种信号不在同一电极，极性相同，故为负反馈。

3）将负载电阻短路，则输出回路并不因负载短路而使反馈信号消失，因此，从输出端看是电流反馈。

4）若将输入端短接，则反馈信号依然存在，故为串联反馈。

综上分析，$R_E$ 为电流串联负反馈。

## 4.2  负反馈对放大电路性能的影响

负反馈虽然使放大电路的放大倍数下降，但能从多方面改善电路的性能。下面分别介绍。

### 4.2.1  直流负反馈的作用

直流负反馈的作用是稳定放大器的静态工作点。电流负反馈，稳定静态工作点中的输出电流；电压负反馈，稳定静态工作点中的输出电压。图 4 - 11 中 $R_E$ 的作用实际上就是引入了直流负反馈，它的反馈类型是电流串联负反馈，它的作用是稳定静态工作点的输出电流 $I_{CQ}$。

其稳定过程如下：$I_{CQ}\uparrow \rightarrow U_{EQ}\approx I_{CQ}R_E\uparrow \rightarrow U_{BEQ}\downarrow \rightarrow I_{BQ}\downarrow \rightarrow I_{CQ}\downarrow$。可见，若 $I_{CQ}$ 有变化。（例如有上升趋势时），通过负反馈的作用，使它有下降的趋势，从而补偿了它的上升趋势，达到平衡，保持稳定。

### 4.2.2  交流负反馈对放大电路性能的影响

**1. 降低放大倍数**

由负反馈的定义可知，在引入负反馈后，输入不变，输出减小，放大倍数减小。而且引入的负反馈越深，放大电路的放大倍数下降越多。

（1）开环放大倍数 $A$

$$A = \frac{X_o}{X_i'}$$

（2）反馈系数 $F$

$$F = \frac{X_f}{X_o}$$

（3）闭环放大倍数 $A_f$

$$A_f = \frac{X_o}{X_i} = \frac{X_o}{X_i' + X_f} = \frac{1}{\dfrac{X_i'}{X_o} + \dfrac{X_f}{X_o}} = \frac{1}{\dfrac{1}{A} + F} = \frac{A}{1 + AF}$$

引入负反馈后，放大器的闭环放大倍 $A_f$ 降低了，且降低为原放大倍数 $A$ 的 $\left(\dfrac{1}{1 + AF}\right)$。

**2. 提高放大倍数的稳定性**

当 $|1 + AF| \gg 1$ 时，$A_f = \dfrac{A}{1 + AF} \approx \dfrac{1}{F}$，说明闭环放大倍数仅与反馈系数有关，此时的反馈称为深度负反馈。

若定性分析，则由于反馈环节一般都是由线性元件构成，性能稳定，所以闭环放大倍数稳定。

若定量分析，则可将 $A_f = \dfrac{A}{1 + AF}$ 对 $A$ 求导：

$$\frac{\mathrm{d}A_f}{\mathrm{d}A} = \frac{1}{(1 + AF)^2}$$

整理得

$$\mathrm{d}A_f = \frac{\mathrm{d}A}{(1 + AF)^2}$$

$$\frac{\mathrm{d}A_f}{A_f} = \frac{1}{1 + AF} \frac{\mathrm{d}A}{A}$$

即闭环放大倍数的相对变化为开环放大倍数相对变化的 $\dfrac{1}{1 + AF}$，故闭环放大倍数的稳定性是开环放大倍数稳定性的 $(1 + AF)$ 倍。

**3. 减小非线性失真**

设某基本放大器对正弦波正半周信号的放大倍数比负半周信号的要大。可见，若不引入负反馈，则标准正弦信号送入该放大器后将输出正半周信号幅度大、负半周信号幅度小的失真信号。如图 4 - 12a 所示。

在引入负反馈后，由于反馈量 $u_f$ 与输出量 $u_o$ 成正比，即也为正半周信号幅度大、负半周

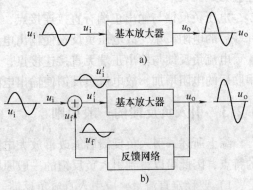

图 4 - 12　负反馈减小非线性失真示意图

a）基本放大器示意图

b）引入负反馈后的基本放大器示意图

信号幅度小的信号。该信号与输入信号相减后，使净输入信号 $u_i'$ 成为正半周信号幅度小、负半周信号幅度大的信号，此失真信号刚好补偿了基本放大器对正弦波正半周信号的放大倍数比负半周信号大的特点，使输出信号的正负半周趋于一致。因此，引入负反馈可以减小放大器的非线性失真。

需要注意的是，负反馈只能减小反馈环内所产生的失真，而对于输入信号本身存在的失真却无能为力。

#### 4. 扩展通频带

设基本放大器的放大倍数为 $A$，引入负反馈后的放大倍数为 $A_f$，由于 $A_f < A$，则 $0.707A_f < 0.707A$。$0.707A_f$ 对应的频率之差为引入负反馈后的通频带 $BW_f$，$0.707A$ 对应的频率之差为基本放大器的通频带 $BW$。从图 4-13 中可见，$BW_f > BW$。因此，引入负反馈可以扩展放大器的通频带。

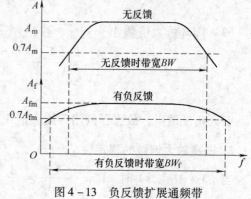

图 4-13　负反馈扩展通频带

#### 5. 改变输入、输出电阻

（1）对输入电阻的影响

负反馈对放大器输入电阻的影响取决于负反馈信号在输入端的连接方式，而与输出端的连接方式无关。

串联负反馈与输入正端无直接连接点，从输入端看进去，相当于在输入端串入一个电路，串联后的电阻增加，故串联负反馈使输入电阻增加。可以证明，引入串联负反馈后，输入电阻是无反馈时输入电阻的 $(1+AF)$ 倍。

并联负反馈与输入正端有直接连接点，从输入端看进去，相当于在输入端并入一个电路，并联后的电阻减小，故并联负反馈使输入电阻减小。可以证明，引入并联负反馈后，输入电阻是无反馈时输入电阻的 $1/(1+AF)$。

（2）对输出电阻的影响

负反馈对放大器输出电阻的影响取决于负反馈信号在输出端的取样方式，而与输入端的连接方式无关。

电压负反馈与输出正端有直接连接点，从输出端看进去，相当于在输出端并联一电路，并联后的电阻减小，故电压负反馈使输出电阻减小。

电流负反馈与输出正端无直接连接点，从输出端看进去，相当于在输出端串入一电路，串联后的电阻增加，故电流负反馈使输出电阻增加。

### 4.2.3　引入负反馈的一般原则

综上所述，引入负反馈后能改善放大电路的性能，不同组态的负反馈放大电路具有不同的特点，因此可以得到引入负反馈的一般原则。

1）要稳定直流量，应引入直流负反馈。

2）要改善交流性能，应引入交流负反馈。

3）要稳定输出电压或减小输出电阻，应引入电压负反馈；要稳定输出电流或提高输出电阻，应引入电流负反馈。

4）要提高输入电阻或减小放大电路向信号源索取的电流，应引入串联负反馈；要减小输入电阻，应引入并联负反馈。

5）要使反馈效果好，在信号源为电压源时，应引入串联负反馈；在信号源为电流源时，应引入并联负反馈（因为信号源内阻越小，串联负反馈作用越强；信号源内阻越大，并联负反馈作用越强）。

6）要明显改善性能，反馈深度 $1+AF$ 要足够大。但反馈深度太大，可能出现自激振荡，可见反馈深度要适当。

**【例 4-6】** 在如图 4-14 所示的电路中，为了实现下述的性能要求，各应引入何种负反馈？将结果画在电路上。

1）当 $u_s = 0$ 时，元件参数的改变对末级的集电极电流影响小。

2）输入电阻较大。

3）输出电阻较小。

4）接上负载后，电压放大倍数基本不变。

5）当信号源为电流源时，反馈的效果比较好。

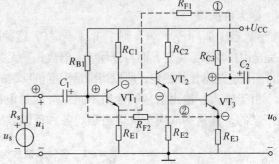

图 4-14　例 4-6 电路

解：设 $u_i$ 瞬时极性为（+），则其他各点的瞬时极性如图所示。可以看出图中有两条反馈通路，其中：

从 $VT_3$ 集电极通过 $R_{F1}$ 到 $VT_1$ 发射极的反馈通路为电压串联负反馈。

从 $VT_3$ 发射极通过 $R_{F2}$ 到 $VT_1$ 基极的反馈通路为电流并联负反馈。

两条反馈通路均为交、直流负反馈。

1）可引入直流电流负反馈，如图中②所示。

2）可引入串联负反馈，如图中①所示。

3）可引入电压负反馈，如图中①所示。

4）可引入电压串联负反馈，如图中①所示。

5）可引入并联负反馈，如图中②所示。

# 4.3　深度负反馈放大电路的分析计算

随着电子技术的发展，集成运算放大器及各种模拟集成电路已经得到普遍运用。由于这些器件具有很大的开环增益，所以必须引入深度负反馈才能实现线性放大。而对于深度负反馈放大器的计算，可以采用近似估算的方法，以便于电路的分析和调试。本节将介绍深度负反馈时放大电路的计算方法。

## 4.3.1　深度负反馈的特点

### 1. 负反馈的一般分析

由前述可知，图 4-1 所示反馈电路的闭环放大倍数为

$$A_f = \frac{A}{1 + AF}$$

（$1 + AF$）表示引入反馈后，闭环放大倍数 $A_f$ 变化的程度，称为反馈深度。根据反馈深度的不同，反馈放大电路可分为以下 4 种情况：

1）若 $|1 + AF| = 0$，则 $A_f \to \infty$，$X_i = 0$，表明放大电路即使没有输入信号时，也会有输出信号，这种现象称为自激振荡。放大电路中应当避免这种现象的发生。

2）若 $|1 + AF| < 1$，则 $|A_f| > |A|$，即引入反馈后，闭环放大倍数增大，这种反馈为正反馈。正反馈会使放大电路性能不稳定，故在放大电路中一般很少采用。

3）若 $|1 + AF| > 1$，则 $|A_f| < |A|$，即放大电路引入反馈后，闭环放大倍数减小，称为负反馈。

4）若 $|1 + AF| \gg 1$，则 $|A_f| \approx 1/F$，这种反馈称为深度负反馈。此时，闭环放大倍数几乎完全由反馈系数决定，而与开环放大倍数几乎无关。由于反馈网络一般是由电阻、电容等无源元件组成，通常比较稳定，所以当满足深度负反馈的条件时，闭环放大倍数也比较稳定。

由于输入、输出信号的性质不同，可能是电压量，也可能是电流量，所以 $A$、$A_f$、$F$ 都是广义的，其量纲取决于反馈组态。各种反馈放大器参量的比较如表 4-1 所示。

表 4-1　各种反馈放大器参量的比较表

| 反馈方式 | 电压串联 | 电压并联 | 电流串联 | 电流并联 |
| --- | --- | --- | --- | --- |
| 输出信号 $X_o$ | $U_o$ | $U_o$ | $I_o$ | $I_o$ |
| 输入电量 $X_i$、$X_f$、$X_i'$ | $U_i$、$U_f$、$U_i'$ | $I_i$、$I_f$、$I_i'$ | $U_i$、$U_f$、$U_i'$ | $I_i$、$I_f$、$I_i'$ |
| $A = X_o / X_i'$ | $A_u = U_o / U_i'$ | $A_r = U_o / I_i'$ | $A_g = I_o / U_i'$ | $A_i = I_o / I_i'$ |
| $F = X_f / X_o$ | $F_u = U_f / U_o$ | $F_g = I_f / U_o$ | $F_r = U_f / I_o$ | $F_i = I_f / I_o$ |
| $A_f = X_o / X_i$ $= A / (1 + AF)$ | $A_{uf} = A_u / (1 + F_u A_u)$ | $A_{rf} = A_r / (1 + F_g A_r)$ | $A_{gf} = A_g / (1 + F_r A_g)$ | $A_{if} = A_i / (1 + F_i A_i)$ |
| 对 $R_s$ 的要求 | 小 | 大 | 小 | 大 |
| 对 $R_L$ 的要求 | 大 | 大 | 小 | 小 |

**2. 深度负反馈的估算条件**

如前述，已知反馈深度 $|1 + AF| \gg 1$ 的负反馈称为深度负反馈。通常，只要是多级负反馈放大电路，都可以认为是深度负反馈。此时有

$$A_f = \frac{A}{1 + AF} \approx \frac{1}{F}$$

又因为

$$A_f = \frac{X_o}{X_i}$$

$$F = \frac{X_f}{X_o}$$

所以有

$$X_i \approx X_f$$

（1）串联负反馈的估算条件

由 $X_i \approx X_f$ 可知

1）对于深度串联负反馈有 $U_i \approx U_f$。

2）由于串联负反馈放大电路的闭环输入电阻很大，理想情况下 $R_{if} \rightarrow \infty$，所以在深度负反馈条件下 $I_i \approx 0$。

（2）并联负反馈的估算条件

由 $X_i \approx X_f$ 可知

1）对于深度并联负反馈有 $I_i \approx I_f$。

2）由于并联负反馈放大电路的闭环输入电阻很小，理想情况下 $R_{if} \approx 0$，所以在深度负反馈条件下 $U_i \approx 0$。

（3）电压负反馈的估算条件

电压负反馈放大电路的闭环输出电阻很小，理想情况下 $R_{of} \approx 0$。

（4）电流负反馈的估算条件

电流负反馈放大电路的闭环输出电阻很大，理想情况下 $R_{of} \rightarrow \infty$。

### 4.3.2 深度负反馈放大电路的计算

根据上述特点，结合具体电路，就能迅速求出深度负反馈放大电路的性能指标，尤其是闭环电压放大倍数。下面举例说明。

【例4-7】 估算如图4-15所示的反馈放大电路的源电压放大倍数 $A_{usf}$。

解：图中 $R_B$ 构成电压并联负反馈。在深度负反馈条件下，可知 $i_i \approx i_f$，而且 $u_i \approx 0$。由输入回路可得

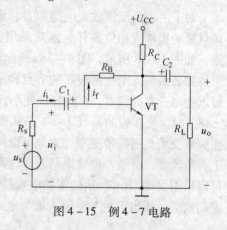

图4-15 例4-7电路

$$i_i = \frac{u_s}{R_s + R_{if}} \approx \frac{u_s}{R_s}$$

$$i_f \approx -\frac{u_o}{R_B}$$

所以闭环源电压放大倍数为

$$A_{usf} \doteq \frac{u_o}{u_s} = \frac{-i_f \times R_B}{i_i \times R_s} = -\frac{R_B}{R_s}$$

## 4.4 负反馈放大电路的自激振荡与消除方法

负反馈可以改善放大电路的性能，而且反馈深度越大，改善的效果越显著。但是，反馈太深，容易引起放大电路的自激振荡，破坏电路的正常放大。

### 4.4.1 负反馈放大电路的自激振荡

#### 1. 产生自激振荡的原因

产生自激振荡的原因是由于电路中存在多级 $RC$ 回路，所以放大电路的放大倍数和相移将随频率而变化。每一级 $RC$ 回路，最大相移为 $\pm 90°$。若附加相移达到 $\pm 180°$，则反馈信号

与输入信号将变成同相，增强了净输入信号，反馈电路变成了正反馈。当反馈信号加强、使反馈信号大于净输入信号时，即使去掉输入信号，也会有信号输出，从而产生自激振荡。

**2. 产生自激振荡的条件**

产生自激振荡的条件为负反馈变为正反馈且反馈信号足够大。即 $\dot{A}F = -1$。它包括振幅和相位两个条件：

1）振幅条件。$|\dot{A}F| = 1$，即反馈信号要足够大。

2）相位条件。$\varphi_A + \varphi_F = \pm(2n + 1)\pi$（$n$ 为整数），即负反馈变为正反馈。

上式忽略了反馈网络产生的相移，可以看出单级负反馈放大电路是稳定的，不会产生自激振荡，因为其最大相移不可能超过90°；两级反馈电路也不会产生自激，因为当附加相移为 $\pm180°$ 时，相应的 $|\dot{A}F| = 0$，振幅条件不满足；当出现 3 级以上多级反馈电路时，则容易产生自激振荡。故在深度负反馈时，必须采取措施破坏其自激条件。

### 4.4.2 消除自激振荡的方法

对于一个负反馈放大电路而言，消除自激振荡（也简称消振）的方法就是采取措施破坏自激的振幅或相位条件。通常采用的措施是在放大电路中加入由 RC 元件组成的校正电路，如图 4-16 所示，图 4-16a 所示为电容滞后补偿，补偿电容 C 接在电路中的前级输出阻抗和后级输入阻抗都很高的节点和地之间。这样，在中、低频时，C 的容抗很大，其影响可以忽略；在高频时，C 的容抗变小而使高频增益下降，只要 C 的容量合适，就能在相移为 $\pm180°$ 时，使相应的 $|\dot{A}F| < 1$，从而消除高频自激。电容滞后补偿会使放大电路的上限截止频率变小，通频带变窄。为此可以采用图 4-16b 所示的 RC 滞后补偿，它使电路在带宽上有所改善，但是补偿效果稍差。这两种补偿要求的电容容量都比较大，不便于集成，为此可以采用图 4-16c 所示的密勒电容补偿，补偿电容接在 $VT_2$ 的输出端和输入端之间。由于密勒效应，相当于在 $VT_2$ 输入端与地之间接一大电容。

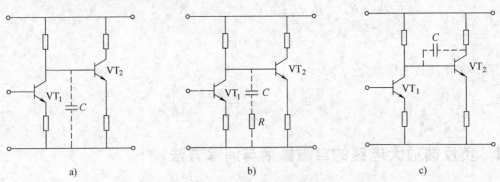

图 4-16  消除自激振荡的校正电路

a）电容滞后补偿  b）RC 滞后补偿  c）密勒电容补偿

## 4.5  实训  负反馈放大电路调试

**1. 实训目的**

1）研究负反馈对放大器主要性能的影响。

2）掌握负反馈放大器技术指标的测试方法。

**2. 实训器材**

1）直流稳压电源 1 台。

2）低频信号发生器 1 台。

3）双踪示波器 1 台。

4）交流毫伏表 1 台。

5）万用表 1 台。

6）电路板 1 块。

**3. 实训电路与原理**

在如图 4-17 所示的两级放大电路中引入了电压串联负反馈，它对放大器性能的影响主要有以下几点：

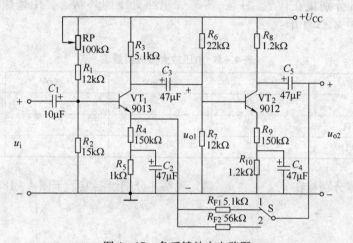

图 4-17　负反馈放大电路图

1）引入负反馈使放大器的放大倍数降低。在共发射极放大器引入负反馈后，其电压放大倍数为

$$A_{uf} = \frac{A_u}{1 + A_u F}$$

式中，$F$ 为反馈系数，$A_u$ 为放大器无反馈时的电压放大倍数。

2）引入串联负反馈，使输入阻抗增加 $(1 + A_u F)$ 倍；引入电压负反馈，使输出阻抗减小 $(1 + A_u F)$ 倍。

3）引入负反馈可扩展放大器的通频带。

此外，引入负反馈可减小非线性失真，抑制干扰噪声。

**4. 实训内容与步骤**

（1）电路制作

按照电路图 4-17 将所有元器件正确焊接在电路板上。

（2）测试静态工作点

1）调节直流稳压电源的输出为 12V，接到实验电路的 $U_{CC}$ 和地之间。

2）调节 RP 使 $U_{R3} = 4V$，此时静态工作点已调好。

3）用万用表测量静态工作点，并填入表 4-2 中。

表 4-2　静态工作点测量表

|  | $U_{BQ}/V$ | $U_{CQ}/V$ | $U_{EQ}/V$ | $I_{CQ}/mA$ |
|---|---|---|---|---|
| VT$_1$ |  |  |  |  |
| VT$_2$ |  |  |  |  |

（3）测量电压放大倍数

1）断开开关 S，电路处于开环状态。

2）调节信号源使其输出 5mV、1kHz 的正弦波电压，并接在电路的输入端。

3）用毫伏表测量 $U_i$、$U_{o1}$、$U_{o2}$，填入表 4-3 中。

4）将开关 S 分别接在位置"1"、"2"，电路处于闭环状态，用毫伏表分别测量 $U_i$、$U_{o1}$、$U_{o2}$，并填入表 4-3 中。

表 4-3　电压放大倍数测量表

|  |  | $U_i/mV$ | $U_{o1}/mV$ | $U_{o2}/mV$ | $A_u$ 或 $A_{uf}$ |
|---|---|---|---|---|---|
|  | 开环 |  |  |  |  |
| 闭环 | $R_{f1} = 56k\Omega$ |  |  |  |  |
|  | $R_{f2} = 5.1k\Omega$ |  |  |  |  |

5）将示波器分别接在 $u_i$、$u_{o1}$、$u_{o2}$ 端，观察并分别绘制波形于图 4-18a、b、c 中。

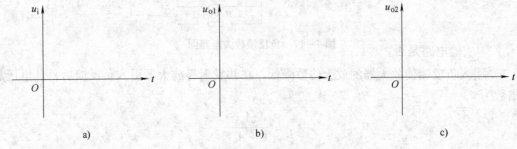

图 4-18　绘制波形 1

（4）测量通频带

1）断开开关 S，电路处于开环状态。

2）降低输入信号的频率，使输出电压降到 0.707 $U_{o2}$，此时的频率为 $f_L$。

3）增加输入信号的频率，使输出电压也降到 0.707 $U_{o2}$，此时的频率为 $f_H$。

4）将上述结果填入表 4-4 中，并计算通频带。

5）将开关 S 分别接在位置"1"、"2"，使电路处于闭环状态，重复上述步骤，将结果填入表 4-4 中，比较这两种情况下的通频带。

（5）负反馈对非线性失真的改善

1）断开开关 S，电路处于开环状态。

表 4 – 4　通频带测量表

| | | $f_L/kHz$ | $f_H/kHz$ | $BW = f_H - f_L$ |
|---|---|---|---|---|
| | 开环 | | | |
| 闭环 | $R_{f1} = 56k\Omega$ | | | |
| | $R_{f2} = 5.1k\Omega$ | | | |

2）将示波器接在 $u_{o2}$ 端。

3）调节信号源幅度旋钮，增加 $u_i$ 的幅度直至输出信号出现明显失真，绘制失真波形于图 4 – 19a 中。

4）将开关 S 接在位置"2"，观察并绘制 $u_{o2}$ 的波形于图 4 – 19b 中，观察失真变化情况。

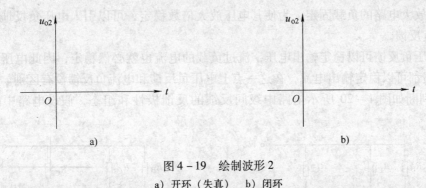

图 4 – 19　绘制波形 2
a）开环（失真）　b）闭环

**5. 思考题**

1）在本实验电路中，若增大或减小反馈电阻 $R_F$，对测量结果会产生哪些影响？

2）本实验电路是否可改接成电压并联、电流并联、电流串联等负反馈电路？若可以，则应如何改动？

## 4.6　习题

1. 什么叫反馈？试举例说明正反馈和负反馈的应用。

2. 负反馈有哪几类？若需稳定输出电压，则应引入哪一种类型的负反馈？若需稳定输出电流，则又应引入哪一种类型的负反馈？

3. 简述直流负反馈的作用和交流负反馈对放大电路性能的影响。

4. 选择题

（1）直流负反馈是指（　　）

A. 存在于 $RC$ 耦合电路中的负反馈　　B. 放大直流信号时才有的负反馈

C. 直流通路中的负反馈　　D. 只存在于直接耦合电路中的负反馈

（2）交流负反馈是指（　　）

A. 存在于阻容耦合电路中的负反馈　　B. 只存在于变压器耦合电路中的负反馈

C. 放大正弦信号时才有的负反馈　　D. 交流通路中的负反馈

5. 判断下列说法是否正确（在括号中画√或×）

1）在负反馈放大电路的反馈系数较大的情况下，只有尽可能地增大开环放大倍数，才能有效地提高闭环放大倍数。 （　　）

2）在负反馈放大电路中，放大器的放大倍数越大，闭环放大倍数就越稳定。 （　　）

3）在深度负反馈的条件下，闭环放大倍数 $A_f \approx 1/F$ 与反馈系数有关，而与放大器开环时的放大倍数 $A$ 无关，因此可以省去放大通路，仅留下反馈网络来获得稳定的闭环放大倍数。 （　　）

4）在深度负反馈的条件下，由于闭环放大倍数 $A_f \approx 1/F$，与管子参数几乎无关，所以可以任意选用晶体管来组成放大器，管子的参数也就没有什么意义了。 （　　）

5）负反馈只能改善反馈环路内电路的放大性能，对反馈环路之外电路的放大性能无效。 （　　）

6）若放大电路的负载固定，为使其电压放大倍数稳定，可以引入电压负反馈，也可以引入电流负反馈。 （　　）

7）电压负反馈可以稳定输出电压，流过负载的电流也就必然稳定，因此电压负反馈和电流负反馈都可以稳定输出电流，在这一点上电压负反馈和电流负反馈没有区别。 （　　）

6. 试判断如图 4-20 所示电路中级间反馈的反馈极性和组态，假设电路中的电容足够大。

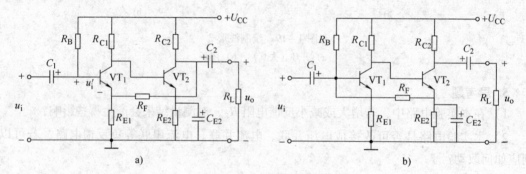

图 4-20　习题 6 电路图

7. 判断如图 4-21 所示电路中所引入的反馈的极性，并指出该反馈是直流反馈还是交流反馈。

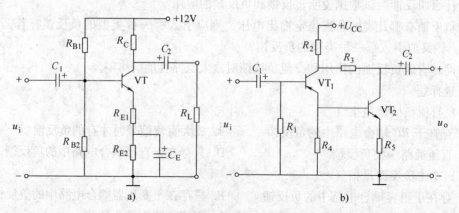

图 4-21　习题 7 电路图

8. 判断如图 4 - 22 所示电路中所引入的负反馈的类型，并指出反馈支路元件。

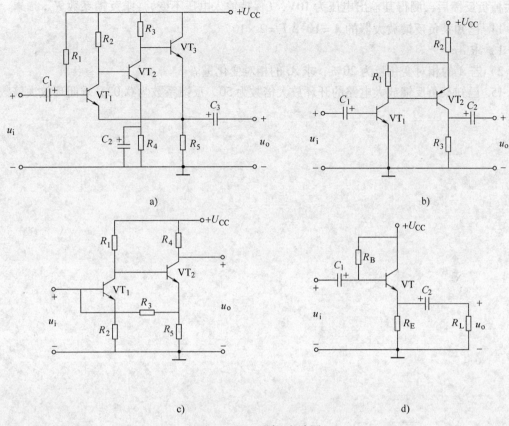

图 4 - 22　习题 8 电路图

9. 填空题

1）若要降低放大电路的输出电阻，则应该引入_____负反馈；若要提高放大电路的输入电阻，则应该引入_____负反馈；若两者均要满足，则应该引入_____负反馈。

2）在放大电路中引入电压并联负反馈后，放大电路闭环输入电阻将变_____，输出电阻将变_____。

3）为增强带负载能力，应该引入_____负反馈；为减小非线性失真和扩展通频带，应该引入_____反馈。

4）负反馈所能抑制的干扰和噪声是_____。

5）若要求放大电路输入电阻大，且输出电流稳定，则应该引入_____负反馈。

10. 从反馈效果看，为什么说串联负反馈电路宜采用电压源作为信号源（而且内阻越小越好）？而并联负反馈电路宜采用电流源作为信号源（而且内阻越大越好）？

11. 在电压串联负反馈放大电路中，已知开环电压放大倍数 $A_u = -1000$，反馈系数 $F_u = -0.049$，输出电压 $U_o = 2V$。

1）求反馈深度、输入电压、反馈电压、净输入电压和闭环电压放大倍数 $A_{uf}$。

2）比较上面所求的 $U_i$、$U_f$ 和 $U_i'$ 的数值，将得出什么结论？

12. 已知某负反馈放大器的 $A_f = 90$、$F = 0.01$。求基本放大器的 $A$。

13. 对于某电压串联负反馈放大器，已知输入电压 $U_i = 0.1V$，测得其输出电压为 $1V$；在去掉负反馈后，测得其输出电压为 $10V$，（保持输入电压不变）。求反馈系数 $F_u$。

14. 已知某负反馈放大器的 $A = 10^5$，$F = 2 \times 10^{-3}$。

1）求 $A_f$。

2）若 $A$ 的相对变化量为 $20\%$，求 $A_f$ 的相对变化量。

15. 已知某负反馈放大电路的开环放大倍数为 $50$，反馈系数为 $0.02$，求闭环放大倍数。

# 第5章 集成运算放大电路

**本章要点**

- 集成运算放大器的组成与特点
- 差动放大电路分析与应用
- 集成运算放大器应用电路分析与应用

集成运算放大电路又称为集成运算放大器（简称集成运放或运放）。它是采用集成电路技术制成的一种高增益直接耦合放大器，最初用于模拟计算机中实现数值运算，故有运算放大器之称。目前集成运放的应用已远远超出了模拟运算的范围。本章首先介绍集成运放的组成与特点，然后重点介绍集成运放的应用。

## 5.1 集成运放概述

20 世纪 60 年代以前，电子线路都是由电阻、电容、电子管、晶体管等元器件以及连线组成的，这些元器件在结构上是相互独立的，称为分立元件电路。20 世纪 60 年代，出现了采用半导体工艺将晶体管、场效应晶体管、电阻、电容以及它们之间的连线集中制作在一小块硅基片上，并封装在一个管壳内，组成一定功能的电子线路，称为集成电路（IC）。它具有体积小、可靠性好、成本低和稳定性优良等优点。

### 5.1.1 集成运放的特点

与分立元件电路相比，集成运放有如下特点：

1）由于集成电路中元器件的参数误差大，但对称性好，相邻的同一类元器件参数的温度特性基本相同，所以集成运放适于采用对元器件的对称性要求很高的电路，如差动放大电路等（将在后面介绍）。

2）由于工艺水平的限制，集成电路内不能制作大电容，所以集成电路应尽量采用直接耦合方式。当必须采用大电容的时候，一般采用外接方式。

3）集成运放中尽量采用有源器件来代替高阻值的电阻，以减少制造工序和节省硅片面积。

4）由于横向 PNP 管 $\beta$ 值小，所以不能与 NPN 管配对直接组成互补管。

5）为改进集成运放的性能，常采用复合管和多集电极晶体管。

### 5.1.2 集成运放的组成

集成运放内部是一个高增益直接耦合多级放大器，它由 4 个部分组成，即输入级、中间级、输出级和偏置电路。其组成框图如图 5-1 所示。

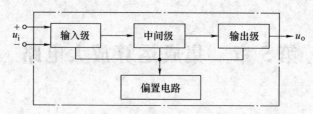

图 5 - 1 集成运放组成框图

**1. 输入级**

输入级是提高运放质量的关键部分，为了减小零漂和抑制共模干扰信号，输入级常用差动放大电路。

**2. 中间级**

中间级的主要任务是提供足够大的电压放大倍数。为了减小对前一级的影响，输入电阻应较高；为了提高电压放大倍数，中间级常采用有源负载放大电路。

**3. 输出级**

输出级的主要作用是提供足够的输出功率以满足负载的要求，它应该有较低的输出电阻，以提高带负载能力，同时具有较高的输入电阻，以免影响前级的电压放大倍数。运放输出级一般采用互补对称功率放大器。

**4. 偏置电路**

偏置电路的作用是向各级放大电路提供合适的静态工作点。

## 5.2 差动放大电路

直接耦合放大器存在零漂，而第一级零漂影响最大。集成运放是直接耦合多级放大器，故输入级多采用对零漂具有良好抑制作用的差动放大电路（又称为差动放大器，或差分放大器，简称差放）。

### 5.2.1 典型差动放大电路

**1. 电路组成**

典型差动放大电路如图 5 - 2 所示，它由两个参数相同的单管放大器组成。电路有两个输入端和两个输出端，采用正、负两组电源供电，一般有 $U_{CC} = U_{EE}$。由于通过公共发射极电阻 $R_E$ 耦合而成，所以该电路又被称为射极耦合差动放大电路或长尾式差动放大电路。

**2. 静态分析**

当输入信号为零，即 $u_{i1} = u_{i2} = 0$ 时，电路处于静态。典型差动放大电路的直流通路如图 5 -3 所示。

由于电路对称，所以 $I_{B1} = I_{B2}$，$I_{C1} = I_{C2}$，$I_{E1} = I_{E2}$，流过 $R_E$ 上的电流为 $2I_{E1}$。

$$U_{EE} - U_{BE} = I_{B1}R_B + 2I_{E1}R_E$$

一般满足 $R_B \ll 2 (1 + \beta) R_E$，$R_B$ 上的压降可以忽略不计，则

$$U_E \approx - U_{BE} = - 0.7V$$

$$I_{C1} = I_{C2} \approx I_E = \frac{U_{EE} - U_{BE}}{2R_E + R_B/(1 + \beta)} \approx \frac{U_{EE} - U_{BE}}{2R_E} \approx \frac{U_{EE}}{2R_E}$$

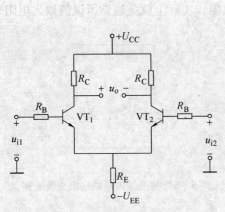

图 5 - 2　典型差动放大电路

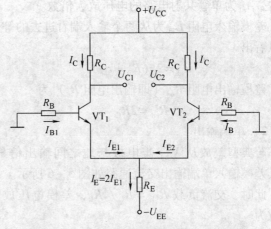

图 5 - 3　典型差动放大电路的直流通路

$$U_{C1} = U_{C2} = U_{CC} - I_{C1}R_C$$
$$U_{CE1} = U_{CE2} = U_{CC} - I_{C1}R_C + U_{BE}$$

$$I_{B1} = I_{B2} = \frac{I_{C1}}{\beta}$$

此时，输出电压 $u_o = U_{C1} - U_{C2} = 0$，即差动放大电路输入信号为零时，输出信号也为零。

**3. 动态分析**

（1）差模输入

在差动放大电路输入端加入一对大小相等、极性相反的输入信号，这种信号称为差模信号，这种输入方式称为差模输入。差模输入差动放大电路如图 5 - 4 所示，此时 $u_{i1} = -u_{i2}$。两个输入端之间的电压用 $u_{id}$ 表示，即 $u_{id} = u_{i1} - u_{i2} = 2u_{i1}$，$u_{id}$ 称为差模输入电压。

1）双端输出

双端输出时，$R_L$ 被接在两管集电极之间，静态时 $U_{C1} = U_{C2}$，差模输入时 $R_L$ 两端电压作相反的变化，则 $R_L$ 中点的电压不变，相当于交流接地，又由于 $u_{i1} = -u_{i2}$，两个晶体管的增量电流 $i_{e1}$ 与 $i_{e2}$ 大小相等、方向相反，可以相互抵消，所以 $R_E$ 上的差模信号压降变化为零，此时 $R_E$ 对差模信号相当于短路，故对应的差模输入双端输出交流通路如图 5 - 5 所示。

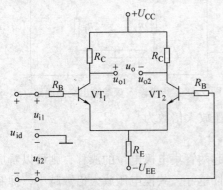

图 5 - 4　差模输入差动放大电路

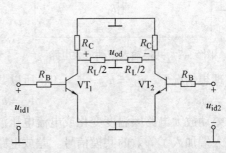

图 5 - 5　差模输入双端输出交流通路

由图可见，每管的交流负载 $R'_L = R_C \mathbin{/\mkern-5mu/} (R_L/2)$，故差模电压放大倍数为

$$A_{ud} = u_{od}/u_{id} = 2u_{od1}/2u_{id1} = A_{u1} = -\beta R'_L/ (R_B + r_{be})$$

91

式中，$A_{u1}$ 为单管共射电路的电压放大倍数。

差模输入电阻 $R_{id}$ 为从两个输入端看进去的等效电阻，实际上就是通常所说的输入电阻，可以看出

$$R_{id} = 2 \ (R_B + r_{be})$$

差模输出电阻 $R_{od}$（即输出电阻 $R_o$）为

$$R_{od} = 2R_C$$

2）单端输出

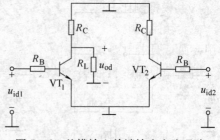

若典型差放从 $VT_1$ 集电极与地之间输出信号，则其差模输入单端输出交流通路如图 5-6 所示。

此时，交流负载 $R'_L = R_C \ // \ R_L$，差模电压放大倍数为

图 5-6 差模输入单端输出交流通路

$$A_{ud1} = u_{od1}/u_{id} = u_{od1}/2u_{id1} = 1/2A_{u1} = -\beta R'_L / \ [ \ 2 \ (R_B + r_{be}) \ ]$$

差模输入电阻和差模输出电阻分别为

$$R_{id} = 2 \ (R_B + r_{be})$$
$$R_{od} = R_C$$

（2）共模输入

在差动放大电路输入端加入一对大小相等、极性相同的输入信号，这种信号称为共模信号，这种输入方式称为共模输入。共模输入差动放大电路如图 5-7 所示，此时 $u_{i1} = u_{i2}$，输入电压用 $u_{ic}$ 表示，即 $u_{ic} = u_{i1} = u_{i2}$，$u_{ic}$ 称为共模输入电压。

1）双端输出

在共模信号作用下，由于电路结构对称，在两管产生的增量电流 $i_{e1} = i_{e2}$，则流过 $R_E$ 上的增量电流为 $2i_e$，所以共模输入双端输出交流通路如图 5-8 所示。

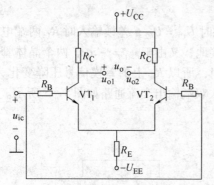

图 5-7 共模输入差动放大电路

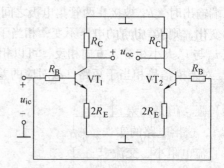

图 5-8 共模输入双端输出交流通路

在理想情况下，$u_{oc} = u_{c1} - u_{c2} = 0$，所以共模电压放大倍数为

$$A_{uc} = u_{oc}/u_{ic} = 0$$

若差动放大电路因温度变化或电流电压波动引起两管集电极电位的漂移，则可以看成在两个输入端加入了等效的共模信号。差放电路对称性越好，共模电压放大倍数越小，抑制零漂能力越强。

2）单端输出

共模输入单端输出交流通路如图 5-9 所示，交流负载 $R'_L = R_C \ // \ R_L$。一般满足（$R_B +$

$r_{be}$）$\ll 2$（$1 +\beta$）$R_E$，无论从 VT$_1$ 输出还是 VT$_2$ 输出，其共模电压放大倍数为

$$A_{uc1} = A_{uc2} = \frac{-\beta R'_L}{R_B + r_{be} + 2(1+\beta)R_E} \approx -\frac{R'_L}{2R_E}$$

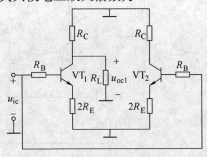

**4. 共模抑制比**

在实际使用中，不仅要求电路对共模信号有抑制作用，而且要求电路对差模信号的放大能力要强，因此采用共模抑制比 $K_{CMR}$ 来衡量差动放大电路的能力。

$$K_{CMR} = \left| \frac{A_{ud}}{A_{uc}} \right|$$

图 5-9  共模输入单端输出交流通路

或　　　　$K_{CMR} = 20 \lg \left| \frac{A_{ud}}{A_{uc}} \right|$　　（dB）

由此可见，$K_{CMR}$ 越大，差动放大电路抑制共模信号的能力越强，放大差模信号的能力越强。在射极耦合式差动放大电路中，当双端输出时，$K_{CMR} = \infty$；当单端输出时，$K_{CMR} = \beta R_E /$（$R_B + r_{be}$）。

**5. 差动放大电路的输入输出方式**

差放有两个输入端和两个输出端，因此有 4 种输入、输出方式，即双端输入双端输出；双端输入单端输出；单端输入双端输出；单端输入单端输出。

在实际使用中，输入信号 $u_{i1}$、$u_{i2}$ 的大小和极性是任意的，此时输入信号 $u_i$ 可以等效为一个差模信号和一个共模信号的叠加，即

$$u_{id} = u_{i1} - u_{i2}$$
$$u_{ic} = \frac{1}{2}(u_{i1} + u_{i2})$$

此时输出电压为

$$u_o = A_{ud}u_{id} + A_{uc}u_{ic}$$

## 5.2.2　电流源差动放大电路

**1. 电路组成**

提高射极公用电阻 $R_E$，可以提高差动放大电路对共模信号的抑制能力，且 $R_E$ 越大，抑制能力越强，但是如果 $R_E$ 过大，会使晶体管的静态电流 $I_C$ 变小，若要保证 $I_C$ 不变，则必须提高 $U_{EE}$，这给电路的实现带来困难，而且，集成工艺中制造大电阻也很困难，所以希望得到一种直流电阻小、交流电阻大的电路，而电流源电路就具有这样的特点。用电流源电路代替射极公用电阻 $R_E$，就得到电流源差动放大电路，如图 5-10a 所示。

电路中 VT$_3$、$R_1$、$R_2$ 和 $R_E$ 组成电流源电路，替代原来的射极公用电阻 $R_E$，电阻 $R_1$、$R_2$ 串联构成分压电路，使 VT$_3$ 的基极和负电源之间保持一个固定电压 $U_{B3}$，于是 VT$_3$ 的发射极电流 $I_{E3}$ 就保持恒定，$I_{E3} \approx$（$U_{B3} - U_{BE3}$）$/R_E$。若 $U_{CC}$、$U_{EE}$ 采用精密的稳压电源供电，同时 $R_1$、$R_2$ 和 $R_E$ 选用性能稳定的电阻，则 VT$_3$ 的发射极电流基本不变，与输入信号无关。由于电流源的动态电阻（$r_{ce} = \Delta u_{CE} / \Delta i_C$）很大，通常为几百千欧，所以可以大大提高差动放大电路抑制共模信号的能力，使 $K_{CMR}$ 非常大。图 5-10b 所示为该电路的简化画法。

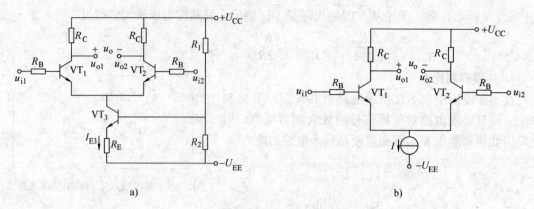

a)                                     b)

图 5 - 10　电流源差动放大电路及简化画法

a）电流源差动放大电路　b）简化画法

**2. 差动放大电路的失调与调零**

（1）失调

一个完全对称的差动放大电路，静态时双端输出电压应为零，但实际上差动放大电路很难做到完全对称，因此在输入电压为零时，输出电压不为零，这种现象称为差动放大电路的失调，相应的输出电压称为输出失调电压，用 $U_{OO}$ 表示。

（2）调零

为了消除失调，在实际的差动放大电路中往往采用调零电路，如图 5 - 11 所示。图 5 - 11a 为发射极调零电路，图 5 - 11b 为集电极调零电路。

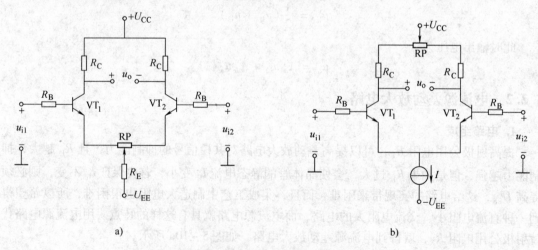

a)                                     b)

图 5 - 11　差动放大电路的调零电路

a）发射极调零电路　b）集电极调零电路

**注意：**

1）在发射极调零电路中，RP 动臂两边电阻分别只流过 $VT_1$、$VT_2$ 管的发射极电流，因此对差模信号和共模信号都有负反馈作用。为了防止差模放大倍数下降太多，RP 不能太大，一般不超过 200Ω。

2）在加了调零电路后，只能在某一温度下消除失调。当环境温度等外界因素变化时，需要重新调零。

## 5.2.3　实训　差动放大电路调试

### 1. 实训目的

1）了解差动放大电路的性能和特点。

2）加深理解差动放大电路的工作原理和抑制零点漂移的方法。

3）掌握差动放大电路各项技术指标的测试方法。

4）掌握差动放大电路提高共模抑制比的方法。

### 2. 实训器材

1）直流稳压电源 1 台。

2）低频信号发生器 1 台。

3）双踪示波器 1 台。

4）交流毫伏表 1 台。

5）万用表 1 台。

6）实验电路板 1 块。

### 3. 实训电路与原理

实训差动放大电路如图 5 – 12 所示。

当开关 S 接在 "1" 时，电路构成典型差动放大电路；当开关 S 接在 "2" 时，电路构成带恒流源的差动放大电路。

（1）差模电压放大倍数 $A_{ud}$

差模信号是指大小相等、相位相反的两个信号。在双端输入、双端输出时，差模电压放大倍数为

$$A_{ud} = \frac{U_{od}}{U_{id}}$$

（2）共模电压放大倍数 $A_{uc}$

共模信号是指大小相等、相位相同的两个信号。将共模信号同时加在差动放大电路的两个输入端，可得到共模电压放大倍数。在双端输入、双端输出时，共模电压放大倍数为

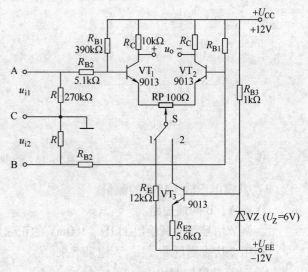

图 5 – 12　差动放大电路

$$A_{uc} = \frac{U_{oc}}{U_{ic}}$$

理想情况下，$A_{uc}$（双端输出）$=0$。

### 4. 实训内容与步骤

（1）焊接电路板

按照电路图 5 – 12 将所有元器件正确焊接在电路板上。

（2）基本差动放大电路的测试

1）调整静态工作点。

① 将开关 S 接在位置 "1"。

② 将 A、B 两端短路后接地。

③ 接入正、负电源（±12V），调节 RP 使 $U_o = 0$（测量时用最小量程，力求准确）。

④ 用万用表测出 $VT_1$、$VT_2$ 的静态工作点，并填在表 5-1 中。

表 5-1　静态工作点测试表

| | 测量值 | | | 计算值 | | | |
|---|---|---|---|---|---|---|---|
| | $U_B/V$ | $U_C/V$ | $U_E/V$ | $I_{C1}/mA$ | $I_{E1}/mA$ | $I_{C2}/mA$ | $I_{E2}/mA$ |
| $VT_1$ | | | | | | | |
| $VT_2$ | | | | | | | |

2）差模电压放大倍数的测量。

① 去掉 A、B 与地之间的短路线，调节信号源使其输出 1kHz、100mV 的正弦波电压，并从 A、B 之间输入。

② 用毫伏表测量 $u_{o1}$、$u_{o2}$，将测试结果填入表 5-2 中。

③ 用示波器观察波形，并绘制 $u_{o1}$、$u_{o2}$ 的波形于图 5-13 上。

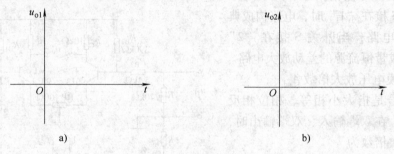

图 5-13　绘制波形

3）共模电压放大倍数的测量。

① 将 A、B 两端短路。

② 调节信号源使其输出 1kHz、100mV 的正弦波电压，并从 A、C 之间输入。

③ 用毫伏表测量 $u_{o1}$、$u_{o2}$，记录下来。

4）计算共模抑制比 $K_{CMR} = A_{ud}/A_{uc}$。

表 5-2　电压放大倍数与共模抑制比测试表

| 电路形式 | | $u_i/mV$ | $u_{o1}/mV$ | $u_{o2}/mV$ | $U_{od} = \lvert U_{o1} \rvert + \lvert U_{o2} \rvert$ | $U_{oc} = \lvert U_{o1} \rvert - \lvert U_{o2} \rvert$ | $A_{ud}$ | $A_{uc}$ | $K_{CMR}$ |
|---|---|---|---|---|---|---|---|---|---|
| 基本差放 | 差模 | | | | | | | | |
| | 共模 | | | | | | | | |
| 恒流源差放 | 差模 | | | | | | | | |
| | 共模 | | | | | | | | |

（3）恒流源差动放大电路的测试

96

将开关 S 接在位置 "2"，在重新调整静态工作点后，重复上述的测试过程，并将测试结果填入表 5-2 中。

**5. 思考题**

1）为什么要对差动放大电路进行调零？

2）调零时，应该用万用表还是用毫伏表来指示放大器的输出电压？为什么？

3）在本实训电路中，$R_E$ 起何作用？它的大小对电路性能有何影响？

4）在本实训电路中，哪种电路的共模抑制比高？为什么？

5）影响放大器零点漂移的因素有哪些？应采取何种抑制措施？

# 5.3 集成运放的主要参数和理想化

## 5.3.1 集成运放的主要参数

### 1. 集成运放的图形符号

集成运放的图形符号如图 5-14 所示，图中 "▷"
表示信号的传输方向，"∞" 为理想运放，标有 "−" 的
为反相输入端，有时也用 "N" 表示，表示输出电压与该
输入端电压反相；标有 "+" 的为同相输入端，有时也
用 "P" 表示，表示输出电压与该输入端电压同相。

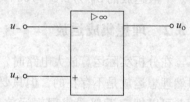

图 5-14　集成运放的图形符号

### 2. 主要参数

（1）开环差模电压增益 $A_{od}$

集成运放工作在线性区，并且输出端开路时的差模增益即为 $A_{od}$，其值一般在 60 ~
180dB 之间。所谓开环是指集成运放外围电路不构成反馈，工作在线性区是指内部放大管均
工作在放大区。

（2）差模输入电阻 $r_{id}$ 和输出电阻 $r_{od}$

此参数是指差模输入时集成运放的输入电阻和输出电阻。$r_{id}$ 为 MΩ 级，其值越大，运算
精度越高。$r_{od}$ 一般小于 200Ω，其值越小，运放带负载能力越强。

（3）共模抑制比 $K_{CMR}$

其定义已在 5.2.1 节给出，其值一般在 80 ~ 180dB 之间。

（4）输入失调电压 $U_{IO}$

对理想集成运放，零输入时应零输出。但实际上，当输入电压为零时存在一定输出电
压，这个电压折算到输入端就是输入失调电压 $U_{IO}$。$U_{IO}$ 在数值上等于输出电压为零时，输入
端应加的直流补偿电压，其值越小越好。一般为 ± (0.1 ~ 10) mV。

（5）输入偏置电流 $I_{IB}$

静态时两输入端偏置电流的平均值。一般为 μA 级。$I_{IB}$ 越小越好。

（6）输入失调电流 $I_{IO}$

当集成运放输出失调电压为零时，两个输入端的静态偏置电流差就是 $I_{IO}$。

（7）最大差模输入电压 $U_{id\,max}$

$U_{id\,max}$ 是指集成运放两输入端之间所允许加的最大电压值。若差模输入电压超过 $U_{id\,max}$，

则输入级将被击穿甚至损坏。

（8）最大共模输入电压 $U_{ic\,max}$

比规定的共模抑制比下降 6dB 时的共模输入电压。

（9）开环带宽 $f_H$

当 $A_{od}$ 下降 3dB 时的信号频率范围。

（10）转换速率 $S_R$

$S_R$ 是指当集成运放中输入幅度较大的阶跃信号时，输出电压随时间的最大变化速率，定义为

$$S_R = \left| \frac{du_o}{d_t} \right|_{max}$$

$S_R$ 反映了集成运放输出电压对高速变化的输入信号的响应能力。只有当输入信号的变化率小于运放的 $S_R$ 时，输出电压才会随输入电压线性变化。$S_R$ 越大，运放的高频特性越好。一般运放的 $S_R$ 为 $0.5 \sim 100V/s$，高速运放甚至可达 $1000V/s$ 以上。

### 5.3.2 理想集成运放

在分析实际运算放大电路时，常将集成运放的性能指标理想化，即看成理想集成运放。虽然理想运放是不存在的，但只要实际运放的性能较好，则其应用效果与理想运放很接近，因此可以把它近似看成理想运放。在后面的分析中，若无特别说明，都把运放看成理想运放。

**1. 理想运放的技术指标**

1）开环差模电压增益 $A_{od} = \infty$。

2）差模输入电阻 $r_{id} = \infty$。

3）差模输出电阻 $r_{od} = 0$。

4）共模抑制比 $K_{CMR} = \infty$。

5）开环带宽 $f_H = \infty$。

6）输入失调电流 $I_{IO} = 0$；输入偏置电流 $I_{IB} = 0$。

**2. 理想运放的线性特点**

在各种应用电路中，集成运算放大器的工作范围有两种，即工作在线性区或非线性区。集成运放的传输特性如图 5-15 所示。

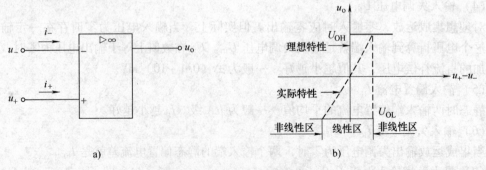

图 5-15 集成运放的传输特性

a）电压和电流 b）特性曲线

当集成运放工作在线性区时，其输出电压和输入电压呈线性关系，即

$$u_o = A_{od}(u_+ - u_-)$$

理想运放工作在线性区时有以下两个重要特点。

1）理想运放的差模输入电压等于零——虚短。

理想运放的 $A_{od} = \infty$，又由 $u_o = A_{od}(u_+ - u_-)$ 得 $u_+ - u_- = u_o/A_{od} = 0$，即 $u_+ = u_-$。

此式表明，运算放大电路的同相输入端和反相输入端的电压相等，如同两点短路一样，而实际上两点并没有真正短路，所以称为"虚短"。

2）理想运放的输入电流等于零——虚断。

理想运放的差模输入电阻 $r_{id} = \infty$，因此运放的同相输入端和反相输入端的电流都等于零，即 $i_+ = i_- = 0$，两输入端如同被断开一样，但实际上并没有真正断开，所以称为"虚断"。

"虚短"和"虚断"是理想运放工作在线性区时的两个重要概念，是以后分析运放电路的基础。

**3. 理想运放的非线性特点**

要使集成运放工作在线性放大状态，就必须引入深度负反馈的概念。否则，由于集成运放开环增益很大，所以很小的输入电压就会使它超出线性放大范围。当集成运放处于开环或正反馈状态时，它就工作在非线性区，其特性曲线如图 5−15b。

运放工作在非线性状态时输出电压只有两种情况，即当 $u_+ > u_-$ 时，$u_o = U_{OH}$；当 $u_+ < u_-$ 时，$u_o = U_{OL}$。在上述情况下，$u_+ \neq u_-$，说明运放在非线性区时"虚短"不再成立，但由于运放的输入电阻很高，所以可以认为"虚断"仍然成立。

# 5.4 集成运放运算电路

当运放工作在线性区时，可以组成各类运算电路，如比例、加减、积分、微分等电路。

## 5.4.1 比例运算

### 1. 反相比例运算电路

反相比例运算电路如图 5−16 所示。反相比例运算电路又称为反相放大器，输入电压 $u_i$ 经电阻 $R_1$ 加到运放的反相输入端，同相输入端经电阻 $R_2$ 接地，输出电压 $u_o$ 经反馈电阻 $R_F$ 接回反相输入端。

1）平衡电阻 $R_2$。

集成运放的两个输入端实际为其内部输入级的两个差分对管的基极，为使差动电路参数保持对称，通常取 $R_2 = R_1 /\!/ R_F$，$R_2$ 称为平衡电阻。

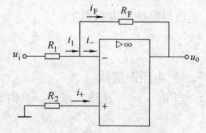

图 5−16　反相比例运算电路

2）$R_F$ 引入深度电压并联负反馈，因此电路的输入电阻不高，$R_{if} = R_1$，输出电阻很低。

3）"虚地"。

对同相输入端，由"虚断"得 $i_+ = 0$，即 $R_2$ 上无压降，则 $u_+ = 0$。又由"虚短"得 $u_- = u_+ = 0$。两个输入端电位等于零，好像接地，但不是真实接地，称为"虚地"。故在理

想情况下，反相输入端的电压等于零，因此其输入端的共模输入电压很小。

4）电压放大倍数。

由"虚断"得 $i_- = i_+ = 0$ ，所以 $i_1 = i_F$ ，即 $(u_i - u_-)/R_1 = (u_- - u_o)/R_F$ ，由此可以求得

$$u_o = -\frac{R_F}{R_1}u_i$$

所以电压放大倍数为

$$A_{uf} = \frac{u_o}{u_i} = -\frac{R_F}{R_1}$$

5）反相器

当 $R_1 = R_F$ 时， $u_o = -u_i$ ，此时电路称为反相器。

**2. 同相比例运算电路**

同相比例运算电路如图 5-17 所示。同相比例运算电路又称为同相放大器，输入电压 $u_i$ 经电阻 $R_2$ 加到运放的同相输入端，反相输入端经电阻 $R_1$ 接地，输出电压 $u_o$ 经反馈电阻 $R_F$ 接回反相输入端。

1）平衡电阻 $R_2 = R_1 // R_F$ 。

2） $R_F$ 引入深度电压串联负反馈，因此电路的输入电阻高，输出电阻很低，有良好的阻抗变化、电路隔离作用。

3）电压放大倍数。

由"虚断"得 $i_+ = 0$ ，即 $R_2$ 上无压降，则 $u_+ = u_i$ 。又由"虚短"得

$$u_- = u_+ = u_i$$

又由"虚断"得 $i_1 = i_F$ ，即

$$(0 - u_-)/R_1 = (u_- - u_o)/R_F$$

由此可以求得

$$u_o = (1 + \frac{R_F}{R_1})u_i$$

所以电压放大倍数

$$A_{uf} = 1 + \frac{R_F}{R_1}$$

4）电压跟随器。

当 $R_1 = \infty$ （开路）或 $R_F = 0$ 时， $u_o = u_i$ ，此时电路称为电压跟随器，如图 5-18 所示。

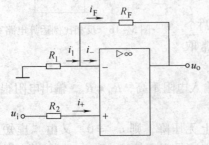

图 5-17 同相比例运算电路

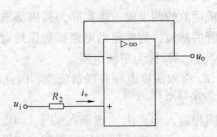

图 5-18 电压跟随器

5）存在共模信号。

当输入信号为 $u_i$ 时，$u_- = u_+ = u_i$，两个输入端得到几乎与输入信号等幅的共模信号。为了抑制共模信号干扰，该电路对集成运算放大器的 $K_{CMR}$ 要求较高，此缺点限制了它的使用。

**【例 5 – 1】** 电路如图 5 – 19 所示。图中 $A_1$、$A_2$ 为理想运放，由给定参数 $R_1 = 10k\Omega$，$R_{F1} = 100k\Omega$，$R_3 = 100k\Omega$，$R_{F2} = 500k\Omega$，求 $u_o$ 和 $u_i$ 的关系。

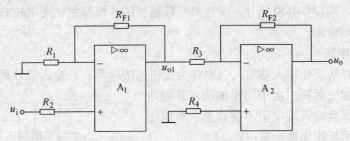

图 5 – 19　例 5 – 1 电路

解：由电路知 $A_1$ 为同相比例运算电路，$A_2$ 为反相比例运算电路。作为两个运放组成的多级放大电路，前级的输出电压 $u_{o1}$ 作为后级的输入电压，即 $u_{i2} = u_{o1}$。

$$u_{o1} = \left(1 + \frac{R_{F1}}{R_1}\right)u_i = \left(1 + \frac{100}{10}\right)u_i = 11u_i$$

$$u_o = -\frac{R_{F2}}{R_3}u_{o1} = -55u_i$$

### 5.4.2　求和运算

**1. 减法运算电路**（差动比例运算电路）

减法运算电路如图 5 – 20 所示。输入电压 $u_{i1}$ 和 $u_{i2}$ 分别加到运放的反相输入端和同相输入端上。

为了保证运放输入端参数对称，一般取 $R_1 /\!/ R_F = R_2 /\!/ R_3$。由于电路引入了深度负反馈，所以运放工作在线性区，满足叠加定理。

当 $u_{i1}$ 单独作用（$u_{i2} = 0$）时，电路相当于一个反相比例运算电路，可得

$$u_{o1} = -\frac{R_F}{R_1}u_{i1}$$

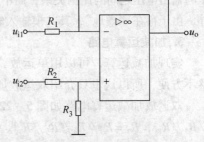

图 5 – 20　减法运算电路

当 $u_{i2}$ 单独作用（$u_{i1} = 0$）时，电路相当于一个同相比例运算电路，可得

$$u_{o2} = \left(1 + \frac{R_F}{R_1}\right)u_+ = \left(1 + \frac{R_F}{R_1}\right)\frac{R_3}{R_2 + R_3}u_{i2}$$

根据叠加定理，得

$$u_o = u_{o1} + u_{o2} = -\frac{R_F}{R_1}u_{i1} + \left(1 + \frac{R_F}{R_1}\right)\frac{R_3}{R_2 + R_3}u_{i2}$$

如果选择 $R_1 = R_2$，$R_3 = R_F$，则有

$$u_o = \frac{R_F}{R_1}(u_{i2} - u_{i1})$$

当 $R_1 = R_2 = R_3 = R_F$ 时，则有

$$u_o = u_{i2} - u_{i1} \text{。}$$

根据"虚短"，输入电阻 $R_i = R_1 + R_2$，由于引入深度电压负反馈，其 $R_o \approx 0$。

由于运放输入端存在共模信号，所以对实际运放的共模抑制比要求较高。此外，它将双端输入转换为单端输出。

**2. 加法运算电路**

若输入信号都从反相输入端输入，则称为反相加法运算；若输入信号都从同相输入端输入，则称为同相加法运算。由于同相加法运算电路共模输入电压高，且输入端电阻不便调整，所以很少用，这里只介绍反相加法运算电路。

反相加法运算电路如图 5-21 所示，其中 $R_4 = R_1 /\!/ R_2 /\!/ R_3 /\!/ R_F$。

由反相输入"虚地"、"虚断"和基尔霍夫电流定律可得

$$i_1 = u_{i1}/R_1, \quad i_2 = u_{i2}/R_2, \quad i_3 = u_{i3}/R_3, \quad i_F = -u_o/R_F$$
$$i_F = i_1 + i_2 + i_3$$

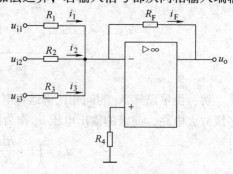

图 5-21　反相加法运算电路

由上面两式得

$$u_o = -R_F\ (u_{i1}/R_1 + u_{i2}/R_2 + u_{i3}/R_3)$$

若取 $R_1 = R_2 = R_3$，则 $u_o = -R_F/R_1\ (u_{i1} + u_{i2} + u_{i3})$。

若取 $R_1 = R_2 = R_3 = R_F$，则 $u_o = -\ (u_{i1} + u_{i2} + u_{i3})$。

显然，输入端的数量可以根据需要增减，而调整某一路的输入端电阻时只影响该路输入电压与输出电压之间的比例关系，而不影响其他路输入电压和输出电压的关系，故调节方便。另外，由于存在"虚地"，其共模输入电压可视为零，这也是该电路应用广泛的原因之一。

**3. 加减运算电路**

实现加减运算，可以用单运放，也可以用双运放。由于单运放加减运算电路的电阻值调整不方便，所以这里只介绍双运放加减运算电路。

双运放加减运算电路如图 5-22 所示。它由两级反相加法运算电路组成，其中 $R_6 = R_1 /\!/ R_2 /\!/ R_{F1}$，$R_7 = R_3 /\!/ R_4 /\!/ R_5 /\!/ R_{F2}$。

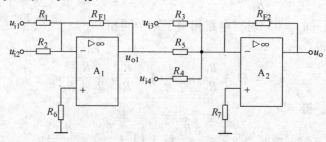

图 5-22　双运放加减运算电路

由反相加法运算电路的结论得 $u_{o1} = -R_{F1}(u_{i1}/R_1 + u_{i2}/R_2)$，则

$$u_o = -R_{F2}\left(\frac{u_{o1}}{R_5} + \frac{u_{i3}}{R_3} + \frac{u_{i4}}{R_4}\right) = R_{F2}\left(\frac{R_{F1}}{R_1 R_5}u_{i1} + \frac{R_{F1}}{R_2 R_5}u_{i2} - \frac{u_{i3}}{R_3} - \frac{u_{i4}}{R_4}\right)$$

虽然该电路需用两个运放，但两个运放都是反相输入，各电阻值容易计算和调整，且对运放共模抑制比要求较低。

【例 5-2】 试设计一个满足 $u_o = 8u_{i1} + 4u_{i2} - 15u_{i3}$ 的运算电路。

解：采用双运放加减运算电路，如图 5-23 所示。由前面结论有

$$u_o = R_{F2}\left(\frac{R_{F1}}{R_1 R_4}u_{i1} + \frac{R_{F1}}{R_2 R_4}u_{i2} - \frac{u_{i3}}{R_3}\right) = \frac{R_{F2}R_{F1}}{R_1 R_4}u_{i1} + \frac{R_{F2}R_{F1}}{R_2 R_4}u_{i2} - \frac{R_{F2}u_{i3}}{R_3}$$

用待定系数法知 $R_{F2}/R_3 = 15$，因此若取 $R_3 = 10\text{k}\Omega$，则 $R_{F2} = 150\ \text{k}\Omega$，再取 $R_4 = 150\ \text{k}\Omega$，则

$$R_6 = R_3 // R_4 // R_{F2} \approx 8.8\ \text{k}\Omega$$

若取 $R_{F1} = 120\ \text{k}\Omega$，则 $R_1 = 15\ \text{k}\Omega$，$R_2 = 30\ \text{k}\Omega$，则

$$R_5 = R_1 // R_2 // R_{F1} \approx 9.2\text{k}\Omega$$

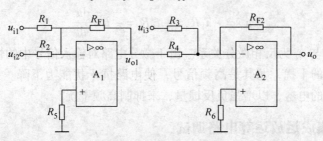

图 5-23 例 5-2 电路

### 5.4.3 积分和微分运算

**1. 积分运算电路**

积分运算电路如图 5-24 所示。由于电容两端电压与流过的电流成积分关系，输入电压与流过电容的电流成正比，且输出电压与电容两端电压成正比，所以可以构成积分电路。

利用"虚地"和"虚断"的概念，有 $i_F = i_1 = u_i/R$，而 $i_F$ 对 C 充电。设电容初始不带电，则

$$u_o = -u_c = -\frac{1}{C}\int i_F\mathrm{d}t = -\frac{1}{RC}\int u_i\mathrm{d}t$$

上式表明，$u_o$ 与 $u_i$ 为反相积分关系。积分电路可以实现波形变换，例如将矩形波变换成三角波，如

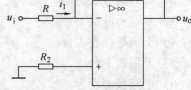

图 5-24 积分运算电路

图 5-25 所示。此外，积分电路还可用于定时、延时、移相等。若输入正弦信号，则电路的输出幅度随频率降低而增大，为了防止低频时输出幅度过大，实际应用时常在电容两端并联一个电阻加以限制。

**2. 微分运算电路**

微分是积分的逆运算，将积分运算电路中的电阻和电容互换即可实现微分运算电路，如

图 5 -26 所示。

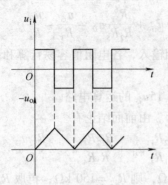

图 5 -25 积分电路实现将矩形波变换成三角波

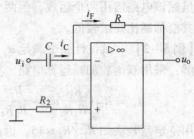

图 5 -26 微分运算电路

利用"虚地"和"虚断"的概念得

$$i_C = C \frac{\mathrm{d}u_i}{\mathrm{d}t}$$

$$u_o = -i_F R = -i_C R = -RC \frac{\mathrm{d}u_i}{\mathrm{d}t}$$

上式表明，$u_o$ 与 $u_i$ 为反相微分关系。由于微分电路对输入信号中的快速变化分量敏感，所以易受外界信号的干扰，尤其是高频信号，使电路抗干扰能力下降。一般在电阻 $R$ 上并联上一个很小容量的电容，以增强负反馈量，来抑制高频干扰。

### 5.4.4 实训 集成运放运算电路调试

**1. 实训目的**

1）熟悉并掌握集成运算放大器线性应用电路的结构特点、工作原理和使用方法。

2）掌握集成运算放大器构成基本运算电路的方法。

3）加深对集成运算放大器特性和运算电路性能的理解。

**2. 实训器材**

1）直流稳压电源 1 台。

2）低频信号发生器 1 台。

3）双踪示波器 1 台。

4）交流毫伏表 1 台。

5）万用表 1 台。

6）电路板 1 块。

**3. 实训电路与原理**

集成运算放大器实质上是一个高增益直接耦合多级放大器，当其反相输入端与输出端之间有负反馈存在时，在一定的输入电压范围内，运放工作在线性状态。当外接不同的反馈网络和输入网络时，就构成不同的运算电路。在实训中，要特别注意同相端和反相端对地直流电阻平衡等问题，减少电路因不平衡引起的误差，确保电路的运算精度。

本实训采用 LM324（也可用 LM741）集成运算放大器和外接反馈网络构成基本运算电路。LM324 外部引脚功能如图 5 -27 所示。LM741 外部引脚功能如图 5 -28 所示。

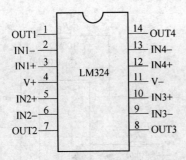

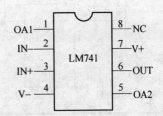

图 5-27　LM324 外部引脚功能　　　　图 5-28　LM741 外部引脚功能

（1）比例运算电路

1）反相比例运算电路。

反相比例运算电路如图 5-29 所示。利用运放电路的分析方法，可知其运算关系为

$$u_o = -\frac{R_F}{R_1}u_i$$

若 $R_1 = R_F$，则为反相器，即 $u_o = -u_i$。

2）同相比例运算电路。

同相比例运算电路如图 5-30 所示。利用运放电路的分析方法，可知其运算关系为

$$u_o = \left(1 + \frac{R_F}{R_1}\right)u_i$$

若不接 $R_1$ 或将 $R_F$ 短路，则可实现电压跟随器功能，即 $u_o = u_i$。

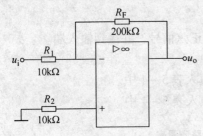

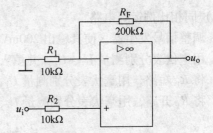

图 5-29　反相比例运算电路图　　　　图 5-30　同相比例运算电路

（2）反相加法运算电路

反相加法运算电路如图 5-31 所示。利用运放电路的分析方法，可知其运算关系为

$$u_o = -R_f\left(\frac{u_{i1}}{R_1} + \frac{u_{i2}}{R_2}\right)$$

（3）积分运算电路

积分运算电路如图 5-32 所示。电路的输出信号和输入信号成积分关系，其运算关系为

$$u_o = -\frac{1}{RC}\int u_i \mathrm{d}t$$

当 $u_i$ 为方波时，$u_o$ 为三角波。当输入信号是直流电压或阶跃电压时，在其作用下，电容将近似为恒流充电，输出电压 $u_o$ 与时间 $t$ 成近似的线性关系，此时

$$u_o \approx -\frac{u_i}{RC}t$$

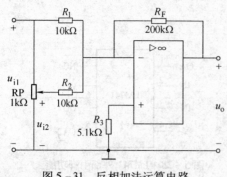

图 5 – 31 反相加法运算电路

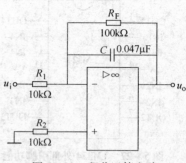

图 5 – 32 积分运算电路

## 4. 实训内容与步骤

（1）反相比例运算电路

1）调节直流稳压电源，使其输出 ±15V，接在电路中（LM324 的 4 脚和 11 脚）。

2）调整信号发生器，使其输出 100mV、1kHz 的正弦信号，并接到输入端。

3）用毫伏表分别测量 $U_i$、$U_o$，并填入表 5 – 3 中，与计算值进行比较。

表 5 – 3　反相比例运算电路测量表

| $U_i$/mV | $U_o$/mV | |
|---|---|---|
| | 测量值 | 计算值 |
| | | |

（2）同相比例运算电路

1）调整信号发生器，使其输出 200mV、1kHz 的正弦信号，并接到输入端。

2）用毫伏表分别测量 $U_i$、$U_o$，并填入表 5 – 4 中。

3）将 $R_F$ 短路，用毫伏表分别测量 $U_i$、$U_o$，并填入表 5 – 4 中。

4）将 $R_1$ 开路，用毫伏表分别测量 $U_i$、$U_o$，并填入表 5 – 4 中。

表 5 – 4　同相比例运算电路测量表

| | | $U_i$/mV | $U_o$/mV | |
|---|---|---|---|---|
| | | | 测量值 | 计算值 |
| 同相比例运算电路 | | | | |
| 跟随器 | $R_F = 0$（短路） | | | |
| | $R_1 = \infty$（开路） | | | |

（3）反相加法运算电路

1）调整信号发生器，使其输出 100mV、1kHz 的正弦信号，并接到输入端 $u_{i1}$。

2）调节 RP，使 $U_{i2} = 30\text{mV}$。

3）用毫伏表分别测量 $U_{i1}$、$U_{i2}$、$U_o$，并填入表 5 – 5 中。

表 5 - 5   反相加法运算电路测量表

| 测量值/mV | | | 计算值/mV |
|---|---|---|---|
| $U_{i1}$ | $U_{i2}$ | $U_o$ | $U_o$ |
| | | | |

（4）积分运算电路

1）调整信号发生器，使其输出 100mV、1kHz 的矩形波信号，并接到电路的输入端。

2）将双踪示波器接到电路的输入、输出端，观察并在图 5 - 33 上绘制输入、输出波形。

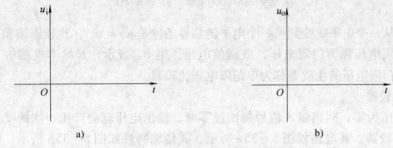

图 5 - 33   绘制输入、输出波形

**5. 思考题**

1）若要增大集成运算放大器的增益，应如何调整电路中的元件参数？

2）在积分运算电路中，若 C 的容量减小，输出电压将如何变化？

3）利用集成运算放大器 LM324 设计一个 $A_{uf} = 100$ 的负反馈放大器，画出电路图，并标出所用元器件的数值。

# 5.5   电压比较器

当运放处于开环或正反馈时，由于运放的电压放大倍数很高，即使输入端有一个非常微小的差值信号，也会使运放达到饱和，所以运放工作在非线性区。这时"虚短"和"虚地"的概念不再适用，而运放的输入电阻比较高，"虚断"仍然适用。此时输出电压不随输入电压的变化而连续变化，当 $u_+ > u_-$ 时，输出高电平 $U_{OH}$，当 $u_- > u_+$ 时，输出低电平 $U_{OL}$。

## 5.5.1   基本电压比较器

### 1. 基本电路

基本电压比较器电路如图 5 - 34a 所示，它将输入信号 $u_i$ 和参考电压 $U_{REF}$ 比较。输入信号可以从反相输入端输入，也可以从同相输入端输入。这里采用从反向输入端输入，故称为反相电压比较器。

当 $u_i < U_{REF}$ 时，输出 $u_o = U_{OH}$。

当 $u_i > U_{REF}$ 时，输出 $u_o = U_{OL}$。

其传输特性如图 5 - 34b 所示。

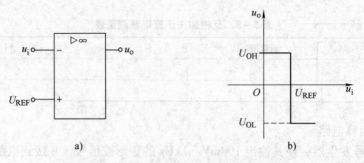

图 5-34　基本电压比较器电路和传输特性

a）基本电压比较器电路　b）传输特性

输出电压从一个电平跳变到另一个电平的临界条件是 $u_+ = u_-$，比较器输出电平发生跳变时对应的输入电压称为门限电压，或阈值电压，用 $U_{TH}$ 表示，显然本电路的 $U_{TH} = U_{REF}$。这种只有一个门限电压的比较器称为单门限电压比较器。

**2. 过零比较器**

若参考电压为零，则当输入信号每次过零时，输出电压就会产生一次跳变，这种比较器称为过零比较器，其电路如图 5-35a 所示，其传输特性如图 5-35b 所示。电路中的电阻 $R$ 可避免因 $u_i$ 过大而损坏器件。过零比较器可以用做波形变换，将正弦波变换成方波，如图 5-35c 所示。

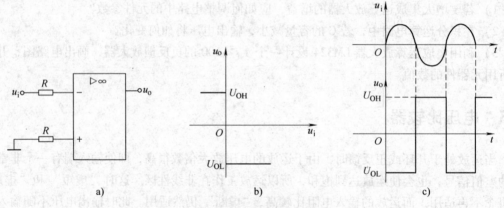

图 5-35　过零比较器

a）电路　b）传输特性　c）将正弦波变换成方波

**3. 输出限幅比较器**

比较器的输出电压比较高，有时希望比较器输出信号幅度限制在一定范围内，例如要求与 TTL 数字电路的逻辑电平兼容，此时可以在输出回路加稳压管限幅电路。输出限幅比较器如图 5-36 所示。

图 5-36a 所示电路 1 利用两个背靠背的稳压管实现限幅。图 5-36b 所示电路 2 在输出端接一个限流电阻和两个稳压管来限幅。图 5-36c 所示为电路的传输特性，$U_{OH} = U_Z$，$U_{OL} = -U_Z$（忽略稳压管的正向导通电压）。

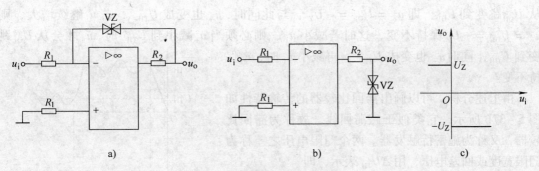

图 5 - 36　输出限幅比较器

a) 电路 1　b) 电路 2　c) 传输特性

## 5.5.2　滞回比较器

基本电压比较器具有电路简单、灵敏度高等优点。但当输入信号变到 $U_{TH}$ 时，由于干扰或噪声的影响，实际输入信号一会儿大于 $U_{TH}$，一会儿小于 $U_{TH}$，则 $u_o$ 将在高、低电平之间反复跳变，所以其抗干扰能力差，为此可采用滞回比较器。

滞回比较器在基本电压比较器中引入了正反馈，其电路如图 5 - 37a 所示。输出带限幅电路，故 $u_o = \pm U_Z$。其中 $u_- = u_i$，$u_+$ 由参考电压 $U_{REF}$ 和输出电压 $u_o$ 共同决定，而 $u_o$ 有 $+ U_Z$ 和 $- U_Z$ 两种可能的状态。

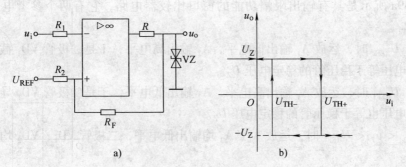

图 5 - 37　滞回比较器

a) 电路　b) 传输特性

根据叠加定理可求得同相输入端的电位为

$$u_+ = \frac{R_F}{R_2 + R_F} U_{REF} + \frac{R_2}{R_2 + R_F} u_o$$

当 $u_o = + U_Z$ 时，对应的 $u_+$ 称为上限门限电压，用 $U_{TH+}$ 表示，即

$$U_{TH+} = \frac{R_F}{R_2 + R_F} U_{REF} + \frac{R_2}{R_2 + R_F} U_Z$$

当 $u_o = - U_Z$ 时，对应的 $u_+$ 称为下限门限电压，用 $U_{TH-}$ 表示，即

$$U_{TH-} = \frac{R_F}{R_2 + R_F} U_{REF} - \frac{R_2}{R_2 + R_F} U_Z$$

当 $u_i$ 很小时，$u_+ > u_-$，$u_o = U_{OH} = U_Z$，此时 $u_+ = U_{TH+}$，当 $u_i$ 逐渐增大到 $U_{TH+}$ 时，$u_o$

从 $U_{OH}$ 跳变到 $U_{OL}$，即 $u_o = U_{OL} = -U_Z$，与此同时，$u_+$ 也变成 $U_{TH-}$，若 $u_i$ 继续增大，则 $u_o = U_{OL} = -U_Z$ 保持不变，这时若减小 $u_i$，则必须当 $u_i$ 减小到 $U_{TH-}$ 时，$u_o$ 才会从 $U_{OL}$ 跳变到 $U_{OH}$，同时 $u_+$ 也变成 $U_{TH+}$，再减小 $u_i$ 时，$u_o$ 保持不变。

由上述分析，可以画出滞回比较器的传输特性如图 5-37b 所示，它类似于磁滞回线，故称为滞回比较器，又称为施密特触发器。两个门限电压之差称为门限宽度或回差电压，用 $\Delta U_{TH}$ 表示，即

$$\Delta U_{TH} = U_{TH+} - U_{TH-} = \frac{2R_2}{R_2 + R_F} U_Z$$

改变门限宽度的大小，可以保证在一定的灵敏度下提高抗干扰能力。只要噪声和干扰的大小处在门限宽度内，输出电平就不会出现错误而在高、低电平间反复跳变。滞回比较器输入、输出波形图如图 5-38 所示。

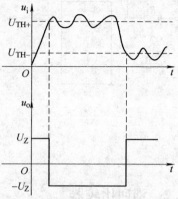

图 5-38 滞回比较器输入、输出波形图

### 5.5.3 窗口比较器

窗口比较器是用来检测给定范围电压的电路，即可判断输入电压是否在某两个电平之间。图 5-39a 所示是具有输出限幅功能的窗口比较器电路，它有两个参考电压，并要求 $U_{REF1} > U_{REF2}$。

当 $u_i < U_{REF2}$ 时，运放 $A_1$ 输出低电平，$A_2$ 输出高电平，于是二极管 $VD_1$ 截止，$VD_2$ 导通，则输出电压等于稳压管的稳定电压 $U_Z$。

当 $u_i > U_{REF1}$ 时，运放 $A_1$ 输出高电平，$A_2$ 输出低电平，于是二极管 $VD_1$ 导通，$VD_2$ 截止，则输出电压也等于稳压管的稳定电压 $U_Z$。

当 $U_{REF2} < u_i < U_{REF1}$ 时，运放 $A_1$、$A_2$ 均输出低电平，二极管 $VD_1$、$VD_2$ 均截止，输出电压等于零。

窗口比较器电压传输特性如图 5-39b 所示。因为其形状像一个窗口，所以称之为窗口比较器。

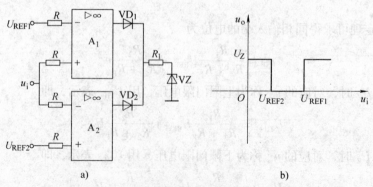

图 5-39 具有输出限幅功能的窗口比较器

a）电路  b）电压传输特性

## 5.6 集成运放的其他应用

### 5.6.1 有源滤波器

对信号频率具有选择性的电路称为滤波器,其功能是让有用频率范围内的信号通过,而对其他频率范围内的信号起抑制作用。信号可以通过的频率范围称为"通带",通不过的频率范围称为"阻带"。按幅频特性的不同,滤波器可分为4种不同类型,即低通滤波器(LPF)允许低频信号通过,将高频信号衰减;高通滤波器(HPF)允许高频信号通过,将低频信号衰减;带通滤波器(BPF)允许某一频率范围内的信号通过,将此频带之外的信号衰减;带阻滤波器(BEF)阻止某一频率范围内的信号通过,允许此频带之外的信号通过。图5-40所示为4种滤波器的幅频特性。

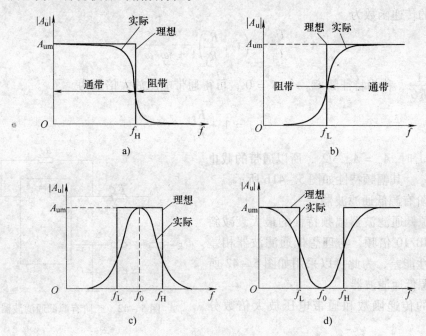

图 5-40 4 种滤波器的幅频特性
a) 低通滤波器 b) 高通滤波器 c) 带通滤波器 d) 带阻滤波器

滤波器分为无源和有源两大类。无源滤波器一般采用电感、电容和电阻等无源元件组成,例如 LC 滤波器和 RC 滤波器,前者在工作频率较低时,因 L、C 太大而只用于大功率电路中,后者由于 R 消耗有用信号的能量,所以会使滤波器的性能变差。有源滤波器由集成运放(有源器件)和 RC 网络组成,利用运放的开环电压增益高、输入电阻大和输出电阻小等特点,使其具有良好的性能。

**1. 低通滤波器**

(1)一阶有源低通滤波器

最简单的一阶有源低通滤波器如图5-41所示。在同相比例运算电路的同相输入端采用 R、C 无源滤波网络。

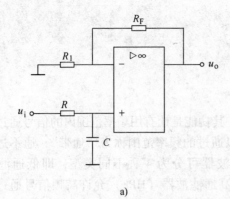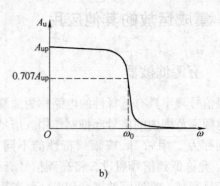

a) b)

图 5 - 41 一阶有源低通滤波器

a) 电路 b) 幅频特性

该电路的传递函数为

$$A_u = \frac{U_o}{U_i} = \left(1 + \frac{R_F}{R_1}\right)\frac{1}{1 + j\omega/\omega_o}$$

式中，$\omega_o = \dfrac{1}{RC}$，称为特征频率。令 $\omega = 0$，可得通带电压放大倍数为

$$A_{up} = 1 + \frac{R_F}{R_1}$$

当 $\omega = \omega_o$ 时，$A_u = A_{up}/\sqrt{2}$，所以通带的截止频率 $\omega_p = \omega_o$。其幅频特性如图 5 - 41b 所示。

（2）二阶有源低通滤波器

一阶有源低通滤波器幅频特性的最大衰减斜率只有 $-20$dB/10 倍频，与理想低通滤波器相差很大，滤波性能差，为此可以采用如图 5 - 42 所示的二阶有源低通滤波器。

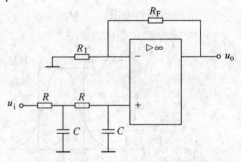

图 5 - 42 二阶有源低通滤波器

该电路的传递函数和通带电压放大倍数分别为

$$A_u = \frac{U_o}{U_i} = \frac{A_{up}}{1 - (\omega/\omega_o)^2 + 3j\omega/\omega_o}$$

$$A_{up} = 1 + \frac{R_F}{R_1}$$

式中，$\omega_o = \dfrac{1}{RC}$。当 $\omega = \omega_o$ 时，$A_u = A_{up}/\sqrt{2}$，于是由上式可求得通带截止频率为

$$\omega_p \approx 0.37\omega_o = 0.37/RC$$

二阶低通滤波器在 $\omega \gg \omega_o$ 时的衰减斜率为 $-40$dB/10 倍频，其滤波性能远优于一阶低通滤波器。

**2. 高通滤波器**

（1）一阶有源高通滤波器

高通滤波器与低通滤波器具有对偶关系，在电路结构上，把低通滤波器中 $RC$ 网络的 $R$ 和 $C$ 对换就得到对应的高通滤波器，其电路如图 5-43a 所示。

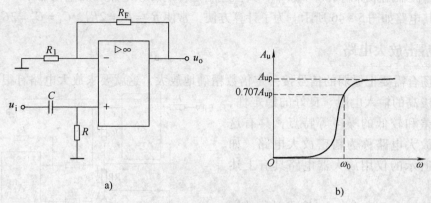

图 5-43 一阶有源高通滤波器

a) 电路 b) 幅频特性

该电路的传输函数和通带电压放大倍数分别为

$$A_u = \frac{U_o}{U_i} = \left(1 + \frac{R_F}{R_1}\right) \frac{1}{1 + j\omega_0/\omega}$$

$$A_{up} = 1 + \frac{R_F}{R_1}$$

该电路幅频特性如图 5-43b 所示。

（2）二阶有源高通滤波器

只要把二阶有源低通滤波器的 $R$、$C$ 互换，就得到二阶有源高通滤波器，如图 5-44 所示，该电路的传递函数为

$$A_u = \frac{U_o}{U_i} = \frac{A_{up}}{1 - (\omega_o/\omega)^2 + 3j\omega_o/\omega}$$

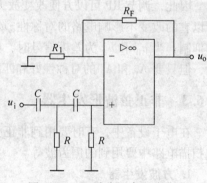

图 5-44 二阶有源高通滤波器

### 3. 带通滤波器

带通滤波器能使某一段特定的频率信号通过，并能滤除高于和低于这段频率的信号。图 5-45 所示电路广泛用做单级放大的带通滤波器。为了计算方便，常使 $R_1 = R_2 = R_3$，$C_1 = C_2$。

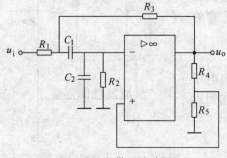

图 5-45 带通滤波器

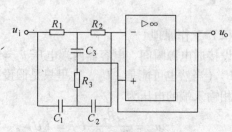

图 5-46 带阻滤波器

#### 4. 带阻滤波器

带阻滤波器用来抑制某一个频带，典型应用是抑制音频电路和测量仪器中 50Hz 电源的嗡嗡声，其电路如图 5-46 所示。为了计算方便，常使 $R_1 = R_2 = 2R_3$，$C_1 = C_2 = 2C_3$。

### 5.6.2　精密放大电路

有些场合需要把微弱的信号按一定倍数精确地放大，这就要求放大电路有很大的共模

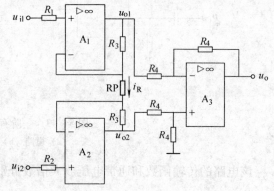

抑制比、极高的输入电阻、良好的稳定性、极小的误差和较低的噪声等特点，具有这些特点的放大电路称为精密放大电路。如图 5-47 所示的仪用放大器电路具有上述特点。

由图示知，运放 $A_1$、$A_2$ 接成对称的同相输入放大电路形式，其输入电阻很高。由"虚短"得 $u_{-1} = u_{i1}$，$u_{-2} = u_{i2}$；所以 $i_R = (u_{i1} - u_{i2})/RP$，又由"虚断"知道流过 $R_3$、RP 的电流相等，运放 $A_3$ 构成一减法电路，所以有

图 5-47　仪用放大器电路

$$u_o = u_{o2} - u_{o1} = -i_R(RP + 2R_3) = \left(1 + \frac{2R_3}{RP}\right)(u_{i2} - u_{i1})$$

因此，调节 RP 可以方便改变放大倍数，由于 RP 接在运放 $A_1$ 和 $A_2$ 的反相输入端之间，所以它的改变不影响电路的对称性。$u_{i1}$ 和 $u_{i2}$ 为共模信号时，$u_o$ 等于零，即共模信号受到极大的抑制；当 $u_{i1}$ 和 $u_{i2}$ 为差模信号时，则能得到有效放大。即使运放本身的共模抑制比不是很大，但只要 $A_1$ 和 $A_2$ 的对称性好和匹配精度高，整个放大电路的共模抑制比仍然会非常高。

### 5.6.3　非正弦波形发生器

在电子设备中，有时要用到非正弦波信号，例如在数字电路中经常用到的矩形波；在电视扫描电路中要用到的锯齿波等。

#### 1. 方波发生器

（1）电路组成

方波发生器又称为多谐振荡器，用运放组成的方波发生器如图 5-48 所示，它由反相输入的滞回比较器和 RC 积分电路组成，该积分电路起到延迟和负反馈的作用。

（2）工作原理

设接通电源瞬间，电容器两端电压 $u_c = 0$，输出电压 $u_o = U_Z$（当然也可能是 $-U_Z$，这里只是假设），则加到运放同相输入端的电压为

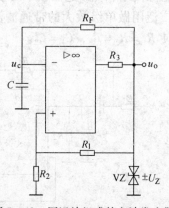

$$u_+ = \frac{R_2}{R_1 + R_2} U_Z = F U_Z$$

图 5-48　用运放组成的方波发生器

此时 $u_o = U_Z$ 通过 $R_F$ 向 $C$ 充电，使运放反相输入端电压 $u_- = u_c$ 由零逐渐上升。在 $u_- < u_+$ 以前，$u_o = U_Z$ 保持不变。在 $t = t_1$ 时刻，$u_-$ 上升到略高于 $u_+$ 时，$u_o$ 由高电平跳变到低电平，即变为 $-U_Z$。

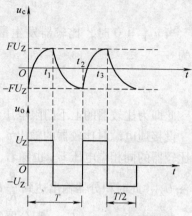

当 $u_o = -U_Z$ 时，$u_+ = -FU_Z$，同时，$u_o = -U_Z$ 通过 $R_F$ 向 $C$ 反向充电（实际 $C$ 先放电再反向充电），使 $u_-$ 逐渐下降。在 $u_- < u_+$ 以前，$u_o = -U_Z$ 保持不变。在 $t = t_2$ 时刻，$u_-$ 下降到略低于 $u_+$，$u_o$ 由低电平跳变到高电平，即变为 $U_Z$，又回到原始状态。上述过程周而复始，因此产生振荡，输出方波。

（3）波形与参数分析

根据上述分析，可画出方波发生器 $u_c$ 和 $u_o$ 的波形，如图 5-49 所示。

根据电路理论可得

$$t_3 - t_2 = t_2 - t_1 = RC\ln\left(1 + \frac{2R_2}{R_1}\right)$$

所以振荡周期为

$$T = t_3 - t_1 = 2RC\ln\left(1 + \frac{2R_2}{R_1}\right)$$

图 5-49　方波发生器波形图

### 2. 三角波发生器

（1）电路组成

三角波发生器电路如图 5-50a 所示，$A_1$ 等组成滞回比较器，$A_2$ 等构成反相积分电路。积分电路的作用是将方波转换为三角波，同时反馈给比较器的同相输入端，使比较器产生随三角波变化而翻转的方波。

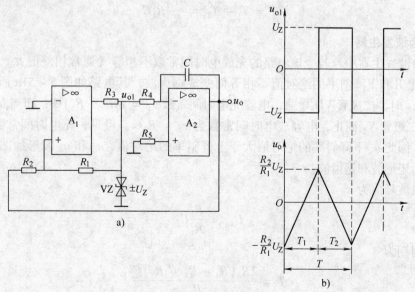

图 5-50　三角波发生器

a）电路　b）输出波形

（2）工作原理

由叠加定理得 $A_1$ 同相端电压为

$$u_{+1} = \frac{R_2}{R_1 + R_2}(\pm U_Z) + \frac{R_1}{R_1 + R_2}u_o$$

当 $u_{+1} = 0$ 时，比较器发生翻转，此时比较器的输入电压（即积分电路的输出 $u_o$）应为

$$u_o = \pm \frac{R_2}{R_1}U_Z$$

此即为比较器的上下门限电压。

设接通电源时比较器的输出 $u_{o1} = -U_Z$，所以积分器的输出电压 $u_o$ 随时间线性上升，同时比较器的同相端电压 $u_{+1}$ 也随着上升。当 $u_{+1}$ 略大于 0 时，比较器发生翻转，输出电压变为 $+U_Z$，此时积分器输出达到 $\frac{R_2}{R_1}U_Z$ 的正向最大值。

此后由于 $u_{o1} = +U_Z$，积分器的输出电压 $u_o$ 开始随时间线性下降，同时比较器的同相端电压 $u_{+1}$ 也随着下降。当 $u_{+1}$ 略小于 0 时，比较器发生翻转，输出电压变为 $-U_Z$，此时积分器输出达到 $-\frac{R_2}{R_1}U_Z$ 的负向最大值。

上述过程循环往复，比较器输出振荡方波，积分器输出振荡三角波。

（3）波形与参数分析

三角波的峰值为

$$U_{om} = \frac{R_2}{R_1}U_Z$$

三角波的振荡周期为

$$T = T_1 + T_2 = \frac{4R_2}{R_1}R_4C$$

## 3. 锯齿波发生器

在三角波发生器中，若令该电路的充放电时间常数不相等（通常相差很大），则输出电压 $u_o$ 由于上升和下降斜率的绝对值不相等而变成锯齿波，其电路如图 5-51a 所示。当 $u_{o1}$ 为高电平 $U_Z$ 时，二极管 VD 导通，电容充电时间常数 $\tau_1 = (R_4 /\!/ R_5)C$；而当 $u_{o1}$ 为低电平 $-U_Z$ 时，二极管 $V_2$ 截止，电容放电时间常数为 $\tau_2 = R_4C$。可见，充电时间常数小于放电时间常数，因此 $u_o$ 下降斜率的绝对值大于上升斜率的绝对值，$u_{o1}$ 和 $u_o$ 波形如图 5-51b 所示，分别为矩形波和锯齿波。

该锯齿波峰值为

$$U_{om} = \frac{R_2}{R_1}U_Z$$

振荡周期为

$$T = \frac{2R_2(R_4 + R_4 /\!/ R_5)C}{R_1}$$

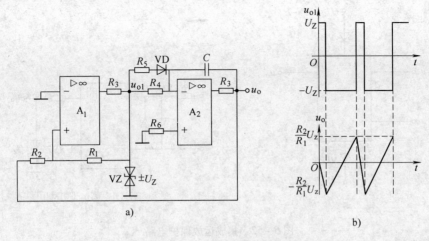

图 5 - 51 锯齿波发生器

a) 电路 b) 波形

## 5.7 集成运放的使用注意事项

集成运放分为通用型与专用型两大类。通用型集成运放应用范围广，价格便宜。专用型集成运放的某些电气性能特别优异，有高精度型、高输入阻抗型、低功耗型、高速型、高压型、程控型、宽带型等。选用时，应先查阅有关集成电路手册，根据需要确定选型。

### 5.7.1 集成运放的调零和消除自激

在设计运放电路时，要按照要求连接调零电位器及防自激补偿电容 $C$ 或 $RC$ 补偿网络（没有外加输入信号，放大器便能产生正弦或其他形式的振荡输出，此现象称为自激。自激一旦发生，放大器的正常放大作用将被破坏）。有些集成运放内部已有补偿网络，外部便不留补偿端，如 CF741。

在接好电路后，使输入电压为零，调节调零电位器看输出电压能否调零。若不能正常调整，则可能接线有误，或有虚焊，或集成运放内部损坏。

### 5.7.2 集成运放的保护

为使集成运放安全工作，可加保护电路。图 5 -52a 是电源反接保护电路，$VD_1$ 和 $VD_2$ 是保护二极管。当电源极性反接时，二极管反偏而截止，起到保护作用。图 5 -52b 是输入和输出保护电路，其中限流电阻 $R_1$ 和二极管 $VD_1$、$VD_2$ 组成输入保护电路，将集成运放输入电压限制在 $\pm 0.7V$ 范围内；限流电阻 $R_2$ 和稳压管 VZ 组成输出保护电路，防止输出端短路或接到外部高压时将集成运放损坏。VZ 由两个背靠背的相同的稳压管串接而成，稳定电压为 $\pm U_Z$。

当集成运放线性应用时，有时会出现阻塞现象。阻塞又称为自锁，发生时输出电压接近极限值，输入信号加不进去。产生原因是集成运放受强干扰或因输入信号过大，而使内部输出管处于饱和或截止所致。此时，只要切断电源，重新接通电路或把集成运放两个输入端短路一下，就能恢复正常。有的集成运放内部设有防阻塞电路。集成运放输入端的限幅保护电

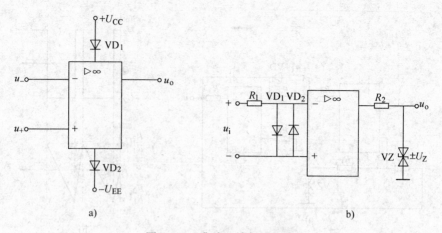

图 5 - 52  集成运放保护电路

a）电源反接保护电路  b）输入和输出保护电路

路，也能起到防阻塞作用。

## 5.8  综合实训  人体红外报警器设计与制作

**1. 实训目的**

1）通过实训进一步理解集成运算放大器及其应用的理论知识。

2）掌握集成运算放大器实际应用电路的设计与制作方法。

3）加深对集成运算放大器特性和运算电路性能的理解。

**2. 实训器材**

1）直流稳压电源 1 台。

2）低频信号发生器 1 台。

3）双踪示波器 1 台。

4）交流毫伏表 1 台。

5）万用表 1 台。

6）实训套件 1 套。

**3. 实训电路与原理**

（1）电路组成

本实训以 LM324 集成运算放大器为核心，加上一定的外围电路，其电路原理图如图 5 - 53 所示。

（2）电路功能

当无人进入探测区时，灯灭、蜂鸣器不响，无报警信号；当有人进入探测区时，灯亮、蜂鸣器响，发出报警信号；在探测区内人离开后，延时一段时间，灯灭、蜂鸣器不响，解除报警信号。

（3）电路原理

人体热释电红外传感器 BH 的输出经过 $C_3$ 高频滤波直接输入放大器，通过 S1A、S1D 两极放大，$C_3$、$C_4$、$C_7$、$C_8$ 为高频滤波器，$C_5$、$C_6$ 为红外放大信号提供低频交流通道，

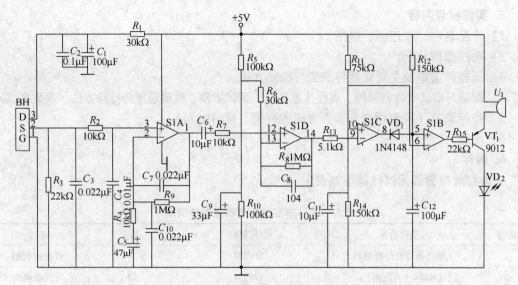

图 5-53　人体红外报警器电路图

$R_5$、$R_{10}$ 将 S1D 反相端偏置在 1/2 电源电压，$R_4$、$R_9$、$R_8$、$R_6$ 决定此放大器增益。

　　S1C 组成比较器，10 脚通过 $R_{11}$、$R_{14}$ 分压设置约 3.3V 的参考电压，此参考电压同时作为 S1B 单稳延时电路的触发阈值电平。无人经过时，9 脚电压低于 10 脚，8 脚输出高电平，$VD_1$ 反偏，S1B 单稳电路输出高电平，$VT_1$ 截止，$VD_2$ 不亮，蜂鸣器不响；有人经过时，S1C 的 8 脚输出低电平，$VD_1$ 导通对 $C_{12}$ 放电，5 脚电平低于 6 脚阈值电平，S1B 的 7 脚输出低电平，$VT_1$ 导通，灯亮，蜂鸣器响；人走后，8 脚又变为高电平，$VD_1$ 截至，电源经 $R_{12}$ 对 $C_{12}$ 充电，延时一段时间后，$C_{12}$ 上电压高于 6 脚电压，8 脚输出高电平，灯灭，蜂鸣器不响。改变 $R_{12}$ 和 $C_{12}$ 的值，可以调整延时时间。

**4. 实训内容与步骤**

　　1）焊接电路。根据电路图在万能板或自己设计的 PCB 上焊接电路。

　　2）电路检查。检查元器件的位置，特别是二极管、晶体管、传感器、电解电容的引脚位置，看有无虚、假、漏、错焊。

　　3）安全检查。电路板电源正、负极间是否短路，正常则可以通电。

　　4）电源部分检测。测试整流、滤波、稳压出来的电压是否为 5V。

　　5）放大电路检测。当无人进入探测区时，14 脚无输出信号；当有人进入探测区时，14 脚有输出信号，说明放大电路正常。

　　6）比较器电路检测。当运放 5 脚电压高于 6 脚时，7 脚输出高电平，当 5 脚电压低于 6 脚时，7 脚输出低电平，说明比较器电路正常。

　　7）报警电路检测。当运放 7 脚输出高电平时，$VT_1$ 截止，灯灭，蜂鸣器不响；当 7 脚输出低电平时，$VT_1$ 导通，灯亮，蜂鸣器响，报警电路工作正常。

　　8）功能测试。当无人进入探测区时，灯灭，蜂鸣器不响，无报警信号；当有人进入探测区时，灯亮，蜂鸣器响，发出报警信号。在探测区内人离开，延时一段时间后，灯灭，蜂鸣器不响，解除报警信号。

　　9）指标测试。测试电路探测距离和垂直方向的视角、延时时间。

**5. 实训报告内容**

1）产品名称、原理图、框图。

2）电路原理分析。

3）元器件清单及主要元器件识别与检测方法。

4）焊接与调试（含布局图、焊接注意事项、调试步骤、故障现象与排除方法、参数测试）。

5）指标调节（探测距离和垂直方向的视角、延时时间）。

6）小结。

**6. 附件**

人体红外报警器元器件清单如表 5 - 6 所示。

表 5 - 6　人体红外报警器元器件清单

| 编号 | 元器件名称 | 型号规格 | 数量 | 备注 |
|------|-----------|----------|------|------|
| 1 | 人体热释电红外传感器 | LHI907 | 1 | 可回收利用 |
| 2 | LM324（含底座） | LM324 | 1 | 可回收利用 |
| 3 | 电阻 | 30kΩ | 2 | |
| 4 | | 22kΩ | 2 | |
| 5 | | 10kΩ | 3 | |
| 6 | | 1MΩ | 2 | |
| 7 | | 100kΩ | 2 | |
| 8 | | 5.1kΩ | 1 | |
| 9 | | 75kΩ | 2 | |
| 10 | | 150kΩ | 2 | |
| 11 | 瓷片电容 | 0.022μF | 3 | |
| 12 | | 0.1μF | 2 | |
| 13 | | 0.01μF | 1 | |
| 14 | 电解电容 | 100μF/16V | 2 | |
| 15 | | 47μF/16V | 1 | |
| 16 | | 33μF/16V | 1 | |
| 17 | | 10μF/16V | 2 | |
| 18 | 二极管 | 发光管（小） | 1 | |
| 19 | | 1N4148 | 1 | |
| 20 | 晶体管 | 9012 | 1 | |
| 21 | 蜂鸣器 | 普通 | 1 | 可回收利用 |
| 22 | 软导线 | 细 | 50cm | |
| 23 | 万能板 | 普通 | 1 | |
| 24 | 焊锡丝 | 普通 | 50cm | |
| 25 | 外壳 | 自行设计 | 1 | 可不配 |
| 26 | 菲涅耳透镜 | | 1 | 可不配 |

## 5.9 习题

1. 画出集成运放的组成框图并说明各部分的作用。

2. 集成运放输入级一般采用什么电路，为什么？

3. 为什么用集成运放组成的放大电路一般都采用反相输入方式？

4. 在差分放大电路中，已知 $u_{i1} = 300\text{mV}$，$u_{i2} = 280\text{mV}$，$A_{ud} = 100$，$A_{uc} = 1$，求此时的输出电压。

5. 电路如图 5-2 所示，已知 $R_C = 3\text{k}\Omega$，$R_E = 5.1\text{k}\Omega$，$U_{CC} = U_{EE} = 9\text{V}$，两管的 $U_{BE} = 0.7\text{V}$，$\beta = 50$，$r_{be} = 2\text{k}\Omega$，$R_B$ 上的压降可以忽略，求：

1）静态 $I_{C1}$ 和 $U_{C1}$。

2）差模电压放大倍数 $A_{ud}$。

6. 若差动放大电路输出表达式为 $u_o = 1000u_{i2} - 999u_{i1}$。求：

1）共模放大倍数。

2）差模放大倍数。

3）共模抑制比。

7. 分别选择"反相"或"同相"填入下列各空内。

1）____比例运算电路中集成运放反相输入端为虚地，而____比例运算电路中集成运放两个输入端的电位等于输入电压。

2）____比例运算电路的输入电阻大，而____比例运算电路的输入电阻小。

3）____比例运算电路的输入电流等于零，而____比例运算电路的输入电流等于流过反馈电阻中的电流。

4）____比例运算电路的比例系数大于1，而____比例运算电路的比例系数小于零。

8. 填空：

1）____运算电路可实现 $A_u > 1$ 的放大器。

2）____运算电路可实现 $A_u < 0$ 的放大器。

3）____运算电路可将方波电压转换成三角波电压。

4）____运算电路可实现函数 $Y = aX_1 + bX_2 + cX_3$，a、b 和 c 均大于零。

5）____运算电路可实现函数 $Y = aX_1 + bX_2 + cX_3$，a、b 和 c 均小于零。

9. 电路如图 5-54 所示，已知 $u_{i1} = 0.5\text{V}$，$u_{i2} = 0.1\text{V}$，计算电路的输出电压 $u_o$ 和平衡电阻 $R_3$ 值。

10. 电路如图 5-55 所示，已知 $R_F = 3R_2$，$u_i = 5\text{V}$，求：

1）运放 $A_1$ 和 $A_2$ 分别构成什么运算电路？

2）计算 $u_o$ 值。

11. 试分别求图 5-56a 和图 5-56b 所示各电路输出电压与输入电压的运算关系式。

12. 设计一个满足 $u_o = 3u_{i1} + 4u_{i2} - 6u_{i3}$ 的运算电路。

13. 电路如图 5-57 所示，已知 $U_{REF} = 2\text{V}$，$u_i = 10\sin\omega t$，$U_Z = 3\text{V}$，稳压管正向导通电压为 0.6V，试绘制对应的 $u_i$ 和 $u_o$ 的波形。

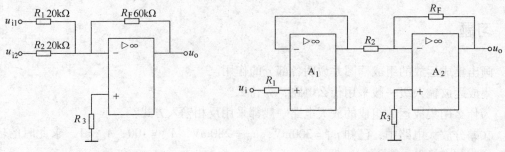

图 5 - 54　习题 9 电路图　　　　　　　图 5 - 55　习题 10 电路图

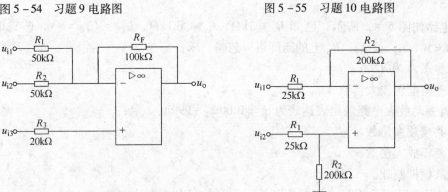

a)　　　　　　　　　　　　　　　　b)

图 5 - 56　习题 11 电路图

14. 如图 5 - 37a 所示，$R_1 = R_2 = 10\text{k}\Omega$，$U_{\text{REF}} = 2\text{V}$，$R_F = 30\text{k}\Omega$，$R = 2\text{k}\Omega$，稳压管稳定电压 $\pm U_Z = \pm 6V$。求门限电压，并绘制传输特性。

15. 在下列情况下，应分别采用哪种类型（低通、高通、带通、带阻）的滤波电路。

1）抑制 50Hz 交流电源的干扰。

2）已知输入信号的频率为 $10 \sim 12\text{kHz}$，为了防止干扰信号的混入。

3）从输入信号中取出低于 2kHz 的信号。

4）抑制频率为 100kHz 以上的高频干扰。

16. 如图 5 - 58 所示，求该滤波器的截止频率 $\omega_p$ 和通带电压放大倍数 $A_{\text{up}}$。

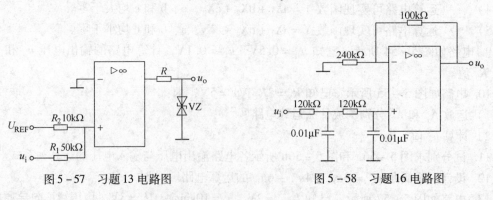

图 5 - 57　习题 13 电路图　　　　　　图 5 - 58　习题 16 电路图

# 第6章 功率放大器

**本章要点**

- 功率放大器概述
- 互补对称功率放大器分析
- 功率放大器设计与制作

向负载提供足够信号功率的放大电路称为功率放大器，简称功放。在电子设备中，负载可能是扬声器、电动机、继电器等，它们都需要足够的推动功率。本章主要介绍功放的特点以及几种常见的功放电路及其性能指标，并简单介绍集成功放。

## 6.1 功率放大器概述

### 6.1.1 功率放大器的特点

功放与前述放大器本质上无差别，都是利用晶体管的控制作用，将电源提供的直流功率按输入信号变化规律转换为交流输出功率。但前述放大器工作在小信号状态，主要实现电压放大，故又称为小信号放大器或电压放大器，对其主要要求是电压增益高，工作稳定。而功放通常工作在大信号状态，它与工作在小信号状态的电压（或电流）放大器相比具有如下不同的特点。主要有：

**1. 输出功率尽可能大**

在不失真（或失真程度在允许范围内）的情况下，要求输出功率尽可能大。

**2. 效率要高**

所谓效率是指负载上得到的有用功率与电源提供的直流功率的百分比。由于输出功率比较大，所以对效率要求比较高，效率太低，不但不利于节能，而且会造成晶体管等器件的温度升高，既不利于其安全工作，又会使电路的可靠性降低。

**3. 非线性失真要小**

既然要求输出功率大，输出电压和输出电流的幅值就都比较大，从而使功率放大器中的晶体管工作在大信号状态。由于晶体管的非线性引起的失真是难免的，所以在提高放大电路输出功率的同时，应采取一定的措施，减小非线性失真。

**4. 要保证功率管安全工作**

为了获得足够大的输出功率，功率放大器中的晶体管常常工作在极限状态，因此要保证晶体管的安全工作，即要注意极限参数 $U_{(BR)CEO}$、$I_{CM}$ 和 $P_{CM}$ 的选择。同时，还要注意给晶体管提供必要的散热措施和过流与过压保护措施。

由于信号幅度较大，所以在分析功率放大器时就不能再使用微变等效电路法，而要采用图解法进行分析。

### 6.1.2 功率放大器的分类

功率放大器按工作方式划分，有甲类、乙类、甲乙类和丙类，如图 6-1 所示。

**1. 甲类**

甲类功放，Q 点位置适中，在输入信号整个周期都有 $i_C$ 流过功率管，导通角为 360°，非线性失真小，如图 6-1a 所示。即使无输入信号，晶体管也有静态电流 $I_{CQ}$，因此电路有较大功率损耗，效率低，一般 $\eta \leqslant 35\%$ 。

**2. 乙类**

乙类功放，Q 点在截止区与放大区的交界处，只在输入信号的半个周期有 $i_C$ 流过功率管，导通角为 180°，非线性失真严重，如图 6-1b 所示。当无输入信号时，$I_{CQ} = 0$，即没有管耗，因此效率高，最大达 78.5% 。

**3. 甲乙类**

甲乙类功放的工作状态介于甲类与乙类之间，在输入信号的大半个周期有 $i_C$ 流过功率管，导通角在 180° ~ 360°，非线性失真较严重。$i_C$ 波形如图 6-1c 所示，效率较高。

**4. 丙类**

丙类功放，功率管的导通时间小于输入信号的半个周期，导通角小于 180°，如图 6-1d 所示，它在 4 类功放中效率最高，失真也最严重。

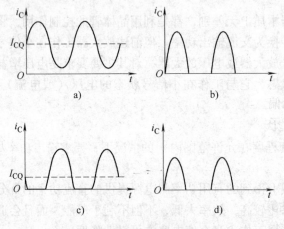

图 6-1 功放 4 种工作状态
a) 甲类　b) 乙类　c) 甲乙类　d) 丙类

可以看出，功放的工作状态从甲类到甲乙类、乙类、丙类，Q 点逐渐降低，管子的导通角逐渐减小，效率越来越高，非线性失真也越来越严重。

## 6.2 互补对称功率放大器

要使功放电路高效率和基本不失真地输出尽可能大的信号功率，就必须解决提高效率和减小非线性失真的矛盾，这需要在电路结构上采取措施。选择两只特性相同、但导电类型不同的晶体管，使它们工作在乙类状态，一只工作在信号的正半周期，另一只工作在信号的负半周期，在负载上将两个输出波形合成，得到一个完整的正弦波形，这就是互补对称功率放大器。

目前使用最广泛的是无输出电容功率放大器（Output Capcitorless，常称为 OCL 电路）和无输出变压器功率放大器（Output Transformerless，常称为 OTL 电路）。

### 6.2.1 乙类互补对称功率放大器

#### 1. 电路组成

乙类互补对称功放电路如图 6-2a 所示。$VT_1$ 和 $VT_2$ 分别为导电类型相反的 NPN 管和 PNP 管，它们的特性相同，称为互补管；显然，$VT_1$ 和 $VT_2$ 都是属于共集电极组态，由于负载与电路之间是直接耦合的，没有耦合电容，该电路也称为 OCL 功率放大器。

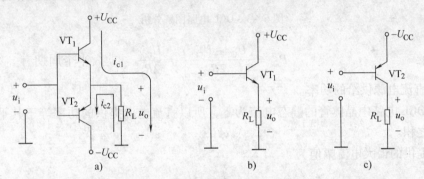

图 6-2 乙类互补对称功放电路

a）原理图 b）$u_i > 0$ 时的电路 c）$u_i < 0$ 时的电路

#### 2. 工作原理

静态时，两管均无偏置而截止。输出电压等于零。

动态时，若忽略管子发射结的开启电压，$u_i$ 正半周，$VT_1$ 导通，$VT_2$ 截止，流过负载 $R_L$ 的电流 $i_{E1}$ 形成输出电压 $u_o$ 的正半周，此时电路相当于图 6-2b 所示；$u_i$ 负半周，$VT_2$ 导通，$VT_1$ 截止，流过 $R_L$ 的电流 $i_{E2}$ 形成 $u_o$ 的负半周，此时电路相当于图 6-2c 所示。可见，当 $u_i$ 变化一个周期时，$VT_1$、$VT_2$ 轮流导通，在负载上得到完整的 $u_o$ 波形。

#### 3. 主要性能指标估算

OCL 电路工作在大信号状态，宜采用图解法分析，如图 6-3 所示。图中 I 区是 $VT_1$ 管的输出特性，II 区是 $VT_2$ 管的输出特性。由于电路工作在乙类状态，所以两只管子的静态电流很小，可以近似认为静态工作点在横轴上，电路最大输出电压幅值为 $U_{omm} = U_{CC} - U_{CES}$。

（1）输出功率

因为

$$P_o = \frac{U_0^2}{R_L} = \frac{(U_{om}/\sqrt{2})^2}{R_L} = \frac{U_{om}^2}{2R_L}$$

式中，输出电压振幅的正半周为 $U_{om} = (U_{CC} - U_{CE1})$，负半周为 $U_{om} = (U_{CC} - |U_{CE2}|)$。如果输入电压参数合适，在正半周最大时使 $VT_1$ 刚好饱和，负半周最小时使 $VT_2$ 刚好饱和，则输出电压最大值为 $U_{omm} = U_{CC} - U_{CES}$，若忽略晶体管饱和压降则

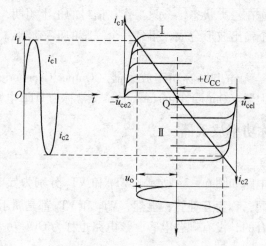

图 6-3  OCL电路图解分析

$$P_{om} = \frac{(U_{CC} - U_{CES})^2}{2R_L} \approx \frac{U_{CC}^2}{2R_L}$$

（2）直流电源供给的功率

由于 OCL 电路中晶体管的静态电流为零，所以直流电源提供的功率等于其平均电流与电源电压之积。

电源提供的最大电流幅值为

$$I_{mm} = \frac{U_{CC} - U_{CES}}{R_L}$$

每个电源只提供半个周期的电流，所以直流电源供给的最大平均功率为

$$P_{vm} = 2U_{CC} \times \frac{1}{2\pi} \int_0^\pi I_{mm}\sin\omega t d(\omega t) = \frac{2}{\pi} U_{CC} I_{mm} = \frac{2U_{CC}(U_{CC} - U_{CES})}{\pi R_L} \approx \frac{2U_{CC}^2}{\pi R_L}$$

（3）管耗

在功率放大器中，直流电源提供的功率一部分转换成输出功率，其余部分主要消耗在晶体管上，晶体管所消耗的功率为 $P_T = P_v - P_O$。当输入电压等于零时，由于集电极电流很小，所以管子的损耗很小；当输入电压最大时，由于管压降很小，所以管子的损耗也很小。可见，输入电压最大和最小时都不会出现管耗为最大的情况。可以证明，当输出电压 $U_{om} \approx 0.6U_{CC}$时，管耗最大。当 $U_{CES} \approx 0$ 时，最大单管管耗为

$$P_{T1m} = P_{T2m} \approx 0.2P_{om}$$

（4）效率

$$\eta = \frac{P_o}{P_v}$$

$$\eta_m = \frac{P_{om}}{P_{vm}} = \frac{\pi}{4} \frac{U_{omm}}{U_{CC}} = \frac{\pi}{4} \frac{U_{CC} - U_{CES}}{U_{CC}} \approx \frac{\pi}{4} \approx 78.5\%$$

（5）功率管的选择

既要使功放电路有符合要求的功率输出，又要保证功率管安全工作，功率管的参数就必须满足以下条件：

126

1）晶体管的集电极最大允许功耗 $P_{CM} \geqslant 0.2 P_{om}$。

2）晶体管的集电极 – 发射极极间击穿电压 $U_{(BR)CEO} \geqslant 2U_{CC}$。

3）晶体管的最大允许集电极电流 $I_{CM} \geqslant U_{CC}/R_L$。

### 6.2.2 甲乙类互补对称功率放大器

**1. 乙类互补对称功放的交越失真**

乙类互补对称功率放大器静态时 VT$_1$、VT$_2$ 都处于零偏，当输入信号小于晶体管开启电压（即 $|u_i| < U_{on}$）时，VT$_1$ 和 VT$_2$ 都处于截止状态，输出电压等于零，出现一段死区，输出波形出现失真，如图 6 - 4 所示。由于这种失真发生在两管交接工作的时刻，所以称之为交越失真。

**2. 甲乙类互补对称功放**

为了消除交越失真，可分别给两管的发射结加上很小的正向偏置电压，使 VT$_1$、VT$_2$ 在静态时处于微导通状态。当有输入信号作用时，管子即导通，从而消除交越失真，因为 Q 点很低，所以效率仍然很高。甲乙类互补对称功放，电路如图 6 - 5 所示。

在图 6 - 5a 中，$R_{C3}$、$R_{E3}$、VD$_1$ 和 VD$_2$ 通过 $U_{CC}$ 形成通路，静态时 VD$_1$ 和 VD$_2$ 两端的电压加到 VT$_1$ 和 VT$_2$ 的基极之间，使其处于微导通状态。当有信号输入时，VD$_1$ 和 VD$_2$ 近似短路（其正向交流电阻很小），因此加到两管基极的正、负半周幅度相等。

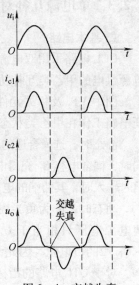

图 6 - 4 交越失真

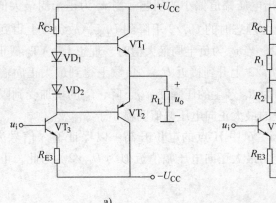

a)             b)

图 6 - 5 甲乙类互补对称功放电路

a）二极管偏置 b）$U_{BE}$ 倍增电路作为偏置

图 6 - 5a 所示的功放虽然可以克服交越失真，但要使 VT$_1$ 和 VT$_2$ 有合适的静态偏置，就必须仔细调节 VD$_1$ 和 VD$_2$ 的静态电流，给实际应用带来不便。为了解决这个问题，可以采用如图 6 - 5b 所示的 $U_{BE}$ 倍增电路作为偏置的甲乙类互补对称功放。

在图 6 - 5b 中，VT$_4$、$R_1$ 和 $R_2$ 构成具有恒压特性的偏置电路，当 VT$_4$ 处于放大状态时，$U_{BE4}$ 近似为一常数，若 VT$_4$ 的基极电流 $i_{B4}$ 远小于流过 $R_1$ 和 $R_2$ 的电流，则有 $U_{CE4} \approx$

$\dfrac{U_{BE4}\ (R_1 + R_2)}{R_2}$。只要适当选择 $R_1$ 和 $R_2$ 的阻值，就能得到 $U_{BE4}$ 任意倍数的直流电压，故称为 $U_{BE}$ 倍增电路。由于上述电路具有恒压特性，所以它对交流近似短路，从而保证加到 $VT_1$ 和 $VT_2$ 基极的正、负半周信号的幅度相等。

### 6.2.3 单电源互补对称功率放大器

#### 1. 基本电路

OCL 电路采用双电源供电，有时会给使用者带来不便，为此可采用如图 6 - 6 所示的单电源供电的甲乙类互补功率放大器，也称为 OTL 电路。

图中 $VT_3$ 及相关元件组成前置放大级，$VT_1$、$VT_2$ 构成互补对称输出级，$VD_1$、$VD_2$ 保证电路工作在甲乙类状态，以消除交越失真。

静态时，选择合适的 $R_1$、$R_2$，使推动级 $VT_3$ 的 $I_{CQ}$ 合适，以保证 K 点的电位 $U_K = U_{CC}/2$。同时，耦合电容 $C_L$ 充得电压 $U_C = U_{CC}/2$。由于 $C_L$ 很大，满足 $R_L C_L \gg T$（信号周期），所以有信号输入时，其两端的电压基本不变，相当于一个电压为 $U_{CC}/2$ 的直流电源。

动态时，$u_i$ 为负半周，$VT_3$ 反相放大，使 $VT_1$ 导通，$VT_2$ 截止，由于 $C_L$ 上电压的作用，使电源电压只相当于 $U_{CC}/2$。$u_i$ 为正半周，$VT_2$ 导通，$VT_1$ 截止，$C_L$ 相当于一个电压为 $-U_{CC}/2$ 的负电源。因此，OTL 电路可等效成电源电压为 $\pm U_{CC}/2$ 的 OCL 电路。

对于 OTL 电路的指标，可以使用 OCL 电路的公式进行计算。需要注意的是，计算时要将 $U_{CC}$ 换为 $U_{CC}/2$。

#### 2. 自举电路

图 6 - 6 所示电路存在最大输出电压幅值偏小的问题。当 $u_i$ 为正半周最大值时，$VT_1$ 截止，$VT_2$ 接近饱和导通，K 点电位由静态时的 $U_{CC}/2$ 下降到 $U_{CES}$，故负载上得到最大负向输出电压幅值为 $U_{CC}/2 - U_{CES} \approx U_{CC}/2$。当 $u_i$ 为负半周最大值时，理想上，$VT_2$ 截止，$VT_1$ 接近饱和导通，K 点电位由静态时的 $U_{CC}/2$ 上升到接近 $U_{CC}$，负载上得到最大正向输出电压幅值为 $U_{CC}/2$，但实际上却达不到。因为 $R_{C3}$ 产生的压降使 $u_{B1}$ 下降，$i_{B1}$ 的增加受到限制，所以使 $VT_1$ 达不到饱和导通，于是负载上的最大正向电压幅值明显小于 $U_{CC}/2$。

解决上述矛盾的措施是把图 6 - 6 中 H 点的电位升高，以保证输入信号为负半周时，$VT_1$ 接近饱和导通，于是使负载上的最大正向电压幅值近似为 $U_{CC}/2$。为此，可以采用带自举的 OTL 电路，如图 6 - 7 所示。

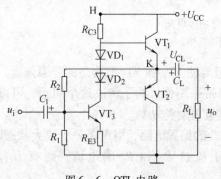

图 6 - 6　OTL 电路

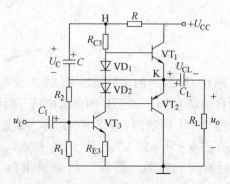

图 6 - 7　带自举的 OTL 电路

图 6-7 中 $R$、$C$ 组成自举电路，由于电容 $C$ 的容量很大，在信号的整个周期内，可近似认为电容两端的电压 $U_C = U_{CC}/2 - I_{C3}R$ 保持不变，当 $u_i$ 为负半周时，$VT_1$ 导通，$u_H = U_C + u_K$，随着 $u_K$ 的升高，$u_H$ 也自动升高，这就是自举的含义，称 $C$ 为自举电容。显然，$u_i$ 为负半周最大值时，$u_H$ 将大于 $U_{CC}$，所以有足够大的 $i_{B1}$ 使 $VT_1$ 饱和导通，从而使最大输出电压幅值接近 $U_{CC}/2$。

**【例 6-1】** 电路如图 6-7 所示，已知 $U_{CC} = 24V$，$U_{CES} = 1V$，$R_L = 16\Omega$。

1）计算 $P_{om}$、$P_{T1m}$ 和 $\eta_m$。

2）若 $VT_3$ 输出电压的幅值为 8V，求 $P_o$。

**解：**1）

$$U_{omm} = \frac{U_{CC}}{2} - U_{CES} = \frac{24}{2} - 1 = 11V$$

$$P_{om} = \frac{U_{omm}^2}{2R_L} = \frac{11^2}{2 \times 16} \approx 3.8W$$

$$P_{T1m} = 0.2 \frac{(U_{CC}/2)^2}{2R_L} = 0.2 \times \frac{12^2}{2 \times 16} = 0.9W$$

$$\eta_m = \frac{\pi}{4} \frac{U_{omm}}{U_{CC}/2} = \frac{\pi}{4} \times \frac{11}{12} \approx 72\%$$

2）因为功放接成射随器组态，所以 $U_{om} = 8V$，则

$$P_o = \frac{U_{om}^2}{2R_L} = \frac{8^2}{2 \times 16} = 2W$$

## 6.2.4 准互补对称功率放大器

大功率互补管很难实现特性相同，故常用复合管代替。复合管由两个或两个以上的晶体管组合而成，又称达林顿管。图 6-8 所示出几种常见的复合管形式。其中图 6-8a 和图 6-8c 由同类型管复合，称为同类型复合管；图 6-8b 和图 6-8d 由不同类型管复合，称为互补型复合管。复合管具有以下特点：

1）复合管型与第一只管 $VT_1$ 相同。

2）复合管 $\beta \approx \beta_1 \beta_2$。

3）同类型复合管 $r_{be} = r_{be1} + (1 + \beta_1) r_{be2}$，互补型复合管 $r_{be} \approx r_{be1}$。

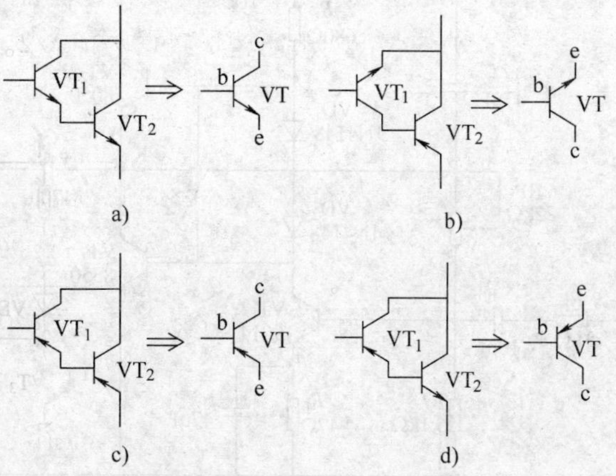

图 6-8 常见复合管形式

a)、c) 同类型复合管　b)、d) 互补型复合管

用复合管构成的互补对称功率放大器称为准互补对称功率放大器，如图 6-9 所示。图中，$VT_1$、$VT_3$ 等效为 NPN 管，$VT_2$、$VT_4$ 等效为 PNP 管，由于大功率管 $VT_1$、$VT_2$ 为同类型管，而互补管 $VT_3$、$VT_4$ 为小功率管，所以容易使它们的特性基本对称。电阻 $R_1$、$R_2$（均为几百欧）的作用是减小复合管的穿透电流。

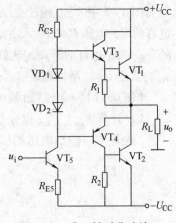

图 6-9　准互补对称功放

### 6.2.5　实训　功率放大器调试

**1. 实训目的**

1）了解 OTL 低频功放的特点和工作原理。

2）掌握 OTL 低频功放静态工作点的调整和主要技术参数的测量方法。

3）了解自举电路对 OTL 低频功放性能的影响。

4）观察交越失真，了解克服交越失真的方法。

**2. 实训器材**

1）直流稳压电源 1 台。

2）低频信号发生器 1 台。

3）双踪示波器 1 台。

4）交流毫伏表 1 台。

5）万用表 1 台。

6）电路板 1 块。

**3. 实训电路与原理**

实训低频功放电路如图 6-10 所示，$C_2$ 称为自举电容。由于 $C_2$ 容量较大，输入信号变化一个周期，其上的电压可近似认为不变，所以在输出信号正半周，K 点电位升高，通过 $C_2$ 可以将 $R_3$ 左端电位瞬间提高，这相当于提高了电源电压，从而使输出电压幅度增大，这种作用称为自举作用。$R_3$ 则称为自举电阻。

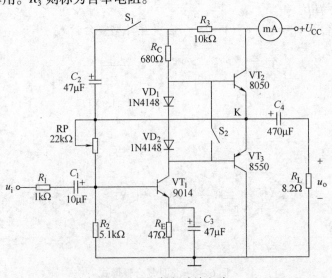

图 6-10　低频功放电路

#### 4. 实训内容与步骤

（1）电路制作

按照电路图 6 – 10 将所有元器件正确焊接在电路板上。

（2）调试静态工作点

1）调节直流稳压电源的输出为 6V，接到实验电路的 $U_{CC}$ 和地之间。

2）$S_1$ 闭合，用万用表测量 $U_K$，调节 RP，使 $U_K = U_{CC}/2 = 3V$。

（3）测量最大输出功率

1）接通开关 $S_1$（加自举），调节低频信号发生器，使其输出 1kHz 的正弦波电压，接到实验电路的 $u_i$ 端。

2）将示波器接在电路输出端观察波形，加大信号源输出幅度，直到波形欲出现失真为止。

3）用交流毫伏表测出 $U_i$ 和 $U_o$，填在表 6 – 1 中，并分别计算出对应的功率。

4）$S_1$ 打开（不加自举），重复步骤 2~3。

表 6 – 1　低频功放参数测量表

| | $U_i$/mV | $U_o$/mV | $R_L$/Ω | $P_o$/mW | $I_L$/mA | $P_V$/mW | $P_T$/mW | $\eta$ |
|---|---|---|---|---|---|---|---|---|
| 加自举 | | | 8.2 | | | | | |
| 不加自举 | | | 8.2 | | | | | |

（4）观察交越失真及改善措施

1）$S_1$ 闭合，$S_2$ 打开，将示波器接在电路输出端观察波形，调节信号源幅度，直到波形欲出现平顶失真为止，绘制输出波形于图 6 – 11a 中。

2）在上述基础上，闭合 $S_2$，并把此时的波形绘制在图 6 – 11b 中。

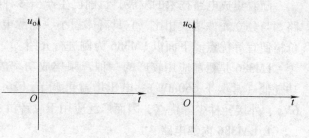

#### 5. 思考题

1）若将 $VD_1$ 和 $VD_2$ 其中一个短路，则输出波形会发生什么变化？

2）简述自举电路的作用。

3）简述消除交越失真的原理。

图 6 – 11　输出波形
a）无交越失真　b）有交越失真

## 6.3　BTL 功率放大器与集成功率放大器

### 6.3.1　BTL 功率放大器

OCL 和 OTL 功放电路的效率虽然不低，但电源利用率不高，其电源电压分别为 $2U_{CC}$ 和 $U_{CC}$，但负载上得到的最大电压幅值分别为 $U_{CC}$ 和 $U_{CC}/2$，这就使在电源电压不高的场合功放电路的输出功率受到限制。出现上述问题的原因是在输入信号的每半个周期中，电路只有一个晶体管和一半的电源在工作。为了解决这个问题，可以采用桥式功率放大器，又称为 BTL 功率放大器，其电路如图 6-12 所示。

由图可知，此电路实际是两个互补对称电路组成的差分结构。静态时，由于 4 个晶体管的参数对称，$u_{o1} = u_{o2}$，所以输出电压 $u_o = 0$。当 $u_i$ 为正半周（$-u_i$ 为负半周）时，$VT_1$、$VT_4$ 导通，$VT_2$、$VT_3$ 截止，负载电流由 $U_{CC}$ 经 $VT_1$、$R_L$、$VT_4$ 流到地，如图 6-12 所示的实线部分，$R_L$ 上获得正半周信号。

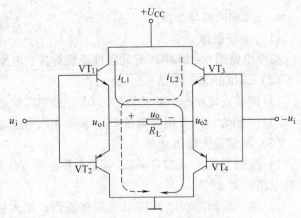

图 6-12　BTL 功率放大器电路

当 $u_i$ 为负半周时，$VT_1$、$VT_4$ 截止，$VT_2$、$VT_3$ 导通，负载电流由 $U_{CC}$ 经 $VT_3$、$R_L$、$VT_2$ 流到地，如图 6-12 所示的虚线部分，$R_L$ 上获得负半周信号。

由于 $u_{o1} \approx u_{i1}$，$u_{o2} \approx -u_{i1}$，所以 $u_o = u_{o1} - u_{o2} = 2u_{o1}$，它是 OTL 输出电压的两倍。可见，在电路其他参数相同的情况下，输出功率可增大为原来的 4 倍。

需要注意的是，BTL 功放电路也需要加克服交越失真的偏置电路，这里忽略。

## 6.3.2　集成功率放大器

随着集成电路技术的发展，目前已生产出多种型号的集成音频功放，它们都采用互补电路。与分立元件功放相比，它具有体积小、电源电压工作范围宽、外接元件少、调整方便、价格便宜等优点。下面以 LM386 为例进行介绍。

LM386 是目前应用较广的一种音频集成功率放大电路，具有频响宽（可达数百 kHz）、功耗低（常温下 660mW）、电压增益可调节（26 ~ 46dB）、适用的电源电压范围宽（4 ~ 6V）、外接元件少等优点，因而广泛应用于收音机、录音机和对讲机中。

### 1. LM386 内部电路

LM386 内部电路原理图如图 6-13 所示，主要包括差分输入级、中间级和互补功放输出级 3 部分。

如图 6-13 所示电路中，$VT_1 \sim VT_6$，$R_1 \sim R_6$ 组成差分输入级；$VT_1$、$VT_3$ 和 $VT_2$、$VT_4$ 分别构成复合管，作为差分电路的放大管；$VT_5$、$VT_6$ 组成镜像电流源，作为 $VT_2$ 的有源负载；信号从 $VT_3$、$VT_4$ 的基极输入，从 $VT_2$ 的集电极输出到中间级。

$VT_7$ 和电流源 I 组成中间放大级，构成共射有源负载放大器。准互补放大器构成输出级，$VT_8$、$VT_9$ 构成等效的 PNP 型复合管，$VD_1$、$VD_2$ 为输出级提供合适的偏流，用以消除交越失真。该电路是 OTL 电路，从 5 脚经过一个外接电容与负载相连。

电阻 $R_7$ 从输出级接到 $VT_2$ 的发射极，构成反馈通路，并与 $R_5$、$R_6$ 构成反馈网络，引入深度电压串联负反馈使电路的电压放大倍数稳定。通过 1 脚和 8 脚外接电阻 $R$，可以调节其电压放大倍数。

### 2. LM386 引脚功能图

LM386 引脚功能图如图 6-14 所示。

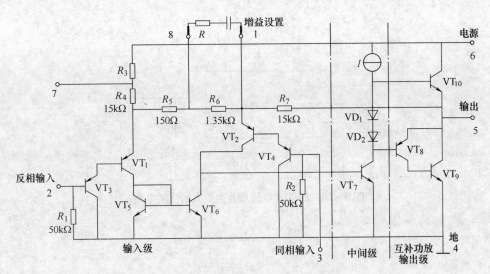

图 6 - 13　LM386 内部电路原理图

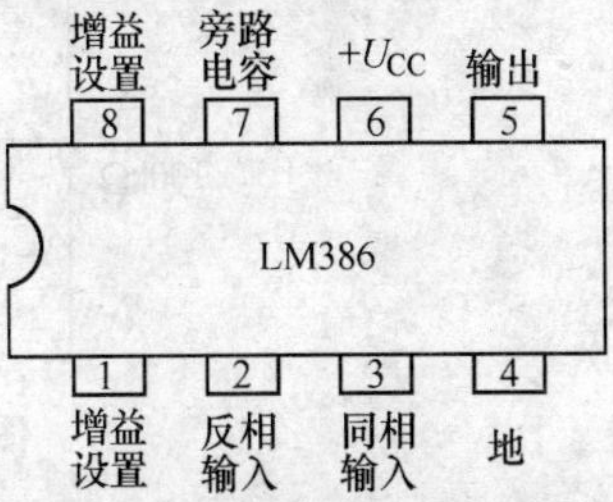

其中，2 脚为反相输入端，3 脚为同相输入端，5 脚为输出端，6 脚和 4 脚分别为电源和地，1 脚和 8 脚为电压增益设定端。使用时，7 脚和地之间接旁路电容，与 $R_3$ 组成去耦电路，一般取 $C = 10\mu F$，其增益为 20 ~ 200。

图 6 - 14　LM386 引脚功能图

### 3. LM386 应用电路

（1）基本用法

LM386 基本应用电路如图 6 - 15 所示。$C_1$ 为输出电容，1 脚和 8 脚开路，电压放大倍数仅为 20，利用电位器 RP 可以调节扬声器的音量，$R$ 和 $C_2$ 构成校正网络，对扬声器的感性负载进行相位补偿。

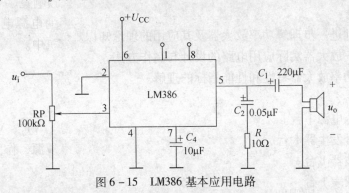

图 6 - 15　LM386 基本应用电路

（2）电压增益为最大的应用电路

LM386 电压增益为最大的应用电路如图 6 - 16 所示。图中除了基本用法中所需的外接元件外，还多加了 $C_3$，使 8 脚和 1 脚在交流通路中短路，使 $A_{uf} = 200$。

（3）电压增益为 50 的应用电路

LM386 电压增益为 50 的应用电路如图 6 - 17 所示。在 1 脚和 8 脚间接入 $R_2$、$C_3$，通过改变 $R_2$ 即可改变 $A_{uf}$，如图中所示的参数对应电压增益为 50。

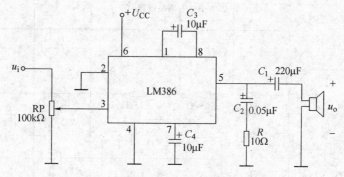

图 6-16　LM386 电压增益为最大的应用电路

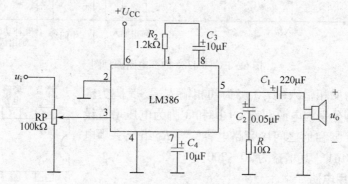

图 6-17　LM386 电压增益为 50 的应用电路

# 6.4　综合实训　双声道音频功放设计与制作

**1. 实训目的**

1）通过实训进一步理解功率放大器及其应用的理论知识。

2）掌握功率放大器实际应用电路的设计与制作方法。

3）加深对功率放大器特性和性能指标的理解。

**2. 实训器材**

1）直流稳压电源 1 台。

2）低频信号发生器 1 台。

3）双踪示波器 1 台。

4）交流毫伏表 1 台。

5）万用表 1 台。

6）滑动变阻器（20Ω/2A）2 台。

7）失真度仪 1 台。

8）实训套件 1 套。

**3. 实训电路与原理**

（1）电路组成

本实训的双声道音频功放原理图如图 6-18 所示。

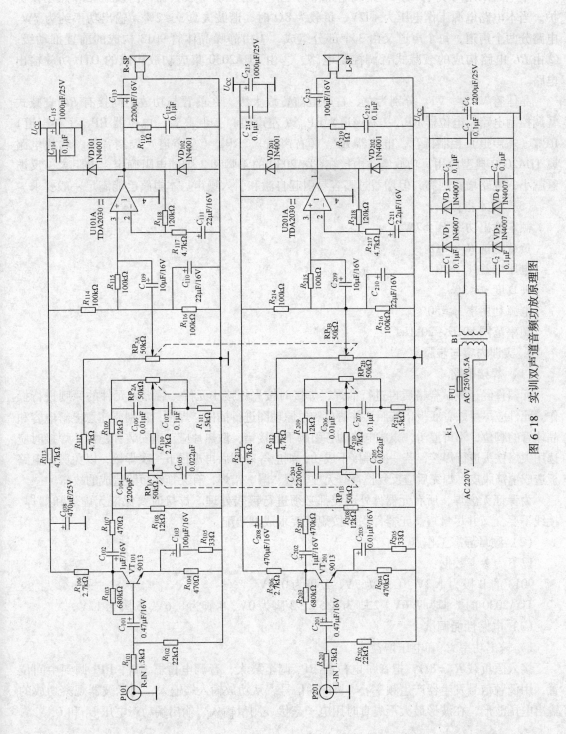

图 6-18 实训双声道音频功放原理图

135

（2）电路原理

本电路采用两块 TDA2030 集成电路作为立体声音频功率放大器，内设短路和热切换保护。当本电路电源工作电压为 +17V、负载为 8Ω 时，谐波失真 $\gamma \leqslant 2\%$，输出功率约为 7W。电路分两个声道，每个声道又由 3 个部分组成，①由静噪晶体管 9013 构成的前置推动级、②由 $RC$ 电路构成的衰减式音调控制电路、③由 TDA2030 集成功放构成的 OTL 功放输出电路。

晶体管 $VT_{101}$、$VT_{201}$ 分别为左、右声道前置放大级。在前置与功放之间接有 $RC$ 衰减式音调控制电路，电位器 $RP_{1A}$（右声道）$RP_{1B}$（左声道）控制高音，电位器 $RP_{2A}$（右声道）$RP_{2B}$（左声道）控制低音，电位器 $RP_{3A}$（右声道）、$RP_{3B}$（左声道）控制音量，功放电路属 TDA2030 典型应用，功放增益由接在 TDA2030 的 4 脚和 2 脚的电阻确定，电阻大，反馈量就小，电路增益则高，但增益过高容易引起自激和引入噪声。本电路已能满足一般要求。

（3）技术指标

额定输出功率 $P_o \geqslant 7W$。

负载阻抗 $R_L = 8\Omega$。

电压增益 $A_u \geqslant 20$。

失真度 $\gamma \leqslant 3\%$。

电源利用率 $\eta \geqslant 50\%$。

频率范围 50Hz ~ 20kHz。

**4. 实训内容与步骤**

（1）焊接电路

元器件经过测试合格后再进行插焊，焊接时按先焊接小元件、后焊大元件的原则进行操作。元件应尽量贴着底板，按照元件清单和电原理图进行插件、焊接，特别要注意电解电容和晶体管的脚位，不可混淆，集成电路的各引脚不能接错，散热片应正确安装和稳固。焊接时应选用尖锡铁头进行焊接，若一次焊接不成功，则应等冷却后再进行下一次焊接，以免烫坏电路板造成铜箔脱皮。焊完后应反复检查有无虚、假、漏、错焊，有无拖锡短路造成的故障。

为保证无虚焊，所有元器件外引线都必须进行镀锡处理。焊接时要保证无虚焊和漏焊，接线不要交叉并尽量短。元器件均要按规范要求成型装配。

（2）测量静态工作点

以下为参考数据：

9013 的 B 极为 1.2V、C 极为 7V、E 极为 0.6V。

TDA2030 的 1 脚为 7.6V、2 脚为 8.5V、3 脚为 0V、4 脚为 8.6V、5 脚为 17V。

（3）电路性能调试

1）输出功率 $P_L$ 和电压增益 $A_u$。

接入假负载 $R_L = 8\Omega$，把音量电位器 $RP_3$ 调至最大，音调电位器 $RP_1$、$RP_2$ 调到中间位置，用低频信号发生器产生频率 $f = 1kHz$ 的信号，从功放输入端输入，用示波器观察功放的输出电压波形，在波形最大不失真时用电子毫伏表测量输入、输出端动态电压 $U_i$ 和 $U_o$。

则功放输出功率

$$P_L = 2\frac{U_o^2}{R_L}$$

电压增益 $$A_u = \frac{U_o}{U_i}$$

2）测量电源利用率 $\eta$。

在测量功放最大不失真输出电压、计算功放输出功率的同时，用直流电流表（A）测量稳压电源提供的动态电流 $I_{静}$ 与稳压电源 $U_{CC}$ 的乘积，即为电源提供的功率

$$P_动 = I_动 U_{CC}$$

则电源利用率 $$\eta = \frac{P_L}{P_动} \times 100\%$$

3）频率范围。

低频信号发生器产生的频率 $f = 1\text{kHz}$ 的信号从功放输入端输入。用电子毫伏表测量功放的输出电压，调节输入信号电压大小，使输出电压约等于最大不失真电压的一半。此时，应保持低频信号发生器输出的信号电压大小不变。

① 调节信号频率上升，观察功放输出电压，当功放输出电压下降至原来的 $1/\sqrt{2}$ 时，得上限截止频率 $f_H$。

② 调节信号频率下降。观察功放输出电压，当功放输出电压下降至原来的 $1/\sqrt{2}$ 时，得下限截止频率 $f_L$。

则频率范围为 $f_L \sim f_H$。

4）失真度 $\gamma$。

从功放输入端输入 $400\text{mV}$、$1\text{kHz}$ 信号，调节 $RP_3$ 使功放输出端达到额定的功率，即 $8\Omega$ 负载上的电压约 $5\text{V}$；此时，功放的失真度应 $\leqslant 2\%$。

5）高、低音提升范围。

① 从功放输入端输入 $400\text{mV}$、$1\text{kHz}$ 信号，把 $RP_1$、$RP_2$ 都旋到最大衰减位置，调节 $RP_3$（音量），使输出电压等于 $1\text{V}$，再调节 $RP_2$（低音）到最大提升位置，使输出电压从 $1\text{V}$（$0\text{dB}$ 参考点）变化到 $5.7\text{V}$ 左右，即低音控制范围应该大于 $15\text{dB}$。

② 从功放输入端输入 $400\text{mV}$、$5\text{kHz}$ 信号，把 $RP_1$、$RP_2$ 都旋到最大衰减位置，调节 $RP_3$（音量），使输出电压等于 $1\text{V}$，再调节 $RP_1$（高音）到最大提升位置，使输出电压从 $1\text{V}$（$0\text{dB}$ 参考点）变化到 $3.6\text{V}$ 左右，即高音控制范围应该大于 $11\text{dB}$。

6）效果调试。

接入声源，输出接上扬声器，调试音量、高音和低音的效果。

**5. 实训报告内容**

1）产品名称、原理图、框图。

2）电路原理分析。

3）元器件清单及主要元器件识别与检测方法。

4）焊接与调试（含布局图、焊接注意事项、调试步骤、故障现象与排除方法、参数测试）。

5）性能指标。

6）小结。

**6. 附件**

双声道音频功放元器件清单如表 6-2 所示。

表 6 – 2　双声道音频功放元器件清单

| 编号 | 元件名称 | 型号规格 | 数量 | 位号 |
|---|---|---|---|---|
| 1 | 电阻 | RT14 – 1/4W – 1Ω | 2 | $R_{119}$、$R_{219}$ |
| 2 | 电阻 | RT14 – 1/4W – 470Ω | 4 | $R_{104}$、$R_{107}$、$R_{204}$、$R_{207}$ |
| 3 | 电阻 | RT14 – 1/4W – 1k5 | 4 | $R_{101}$、$R_{111}$、$R_{201}$、$R_{211}$ |
| 4 | 电阻 | RT14 – 1/4W – 2k7 | 4 | $R_{106}$、$R_{110}$、$R_{206}$、$R_{210}$ |
| 5 | 电阻 | RT14 – 1/4W – 4k7 | 6 | $R_{112}$、$R_{113}$、$R_{117}$、$R_{212}$、$R_{213}$、$R_{217}$ |
| 6 | 电阻 | RT14 – 1/4W – 12kΩ | 4 | $R_{108}$、$R_{109}$、$R_{208}$、$R_{209}$ |
| 7 | 电阻 | RT14 – 1/4W – 22kΩ | 2 | $R_{102}$、$R_{202}$ |
| 8 | 电阻 | RT14 – 1/4W – 33Ω | 2 | $R_{105}$、$R_{205}$ |
| 9 | 电阻 | RT14 – 1/4W – 100kΩ | 6 | $R_{114}$、$R_{115}$、$R_{116}$、$R_{214}$、$R_{215}$、$R_{216}$ |
| 10 | 电阻 | RT14 – 1/4W – 120kΩ | 2 | $R_{118}$、$R_{218}$ |
| 11 | 电阻 | RTl4 – 1/4W – 680kΩ | 2 | $R_{103}$、$R_{203}$ |
| 12 | 电位器 | 50kΩ（双连电位器） | 3 | $RP_1$、$RP_2$、$RP_3$ |
| 13 | 瓷片电容 | CC1 – 2200pF | 2 | $C_{104}$、$C_{204}$ |
| 14 | 瓷片电容 | CC1 – 0.01μF | 2 | $C_{106}$、$C_{206}$ |
| 15 | 瓷片电容 | CC1 – 0.022μF | 2 | $C_{105}$、$C_{205}$ |
| 16 | 瓷片电容 | CC1 – 0.1μF | 11 | $C_1$、$C_2$、$C_3$、$C_4$、$C_5$、$C_{107}$、$C_{114}$、$C_{112}$、$C_{207}$、$C_{214}$、$C_{212}$ |
| 17 | 电解电容 | CD11 – 16V – 0.47μF | 2 | $C_{101}$、$C_{201}$ |
| 18 | 电解电容 | CD11 – 16V – 1μF | 2 | $C_{102}$、$C_{202}$ |
| 19 | 电解电容 | CD11 – 16V – 2.2μF | 2 | $C_{111}$、$C_{211}$ |
| 20 | 电解电容 | CD11 – 16V – 10μF | 2 | $C_{109}$、$C_{209}$ |
| 21 | 电解电容 | CD11 – 16V – 22μF | 2 | $C_{110}$、$C_{210}$ |
| 22 | 电解电容 | CD11 – 16V – 100μF | 2 | $C_{103}$、$C_{203}$ |
| 23 | 电解电容 | CD11 – 16V – 470μF | 2 | $C_{108}$、$C_{208}$ |
| 24 | 电解电容 | CD11 – 25V – 1000μF | 2 | $C_{115}$、$C_{215}$ |
| 25 | 电解电容 | CD11 – 16V – 2200μF | 2 | $C_{113}$、$C_{213}$ |
| 26 | 电解电容 | CD11 – 25V – 2200μF | 1 | $C_6$ |
| 27 | 二极管 | 1N4007 | 8 | $VD_1$、$VD_2$、$VD_3$、$VD_4$、$VD_{101}$、$VD_{102}$、$VD_{201}$、$VD_{202}$ |
| 28 | 晶体管 | 9013 | 2 | $VT_{101}$、$VT_{201}$ |
| 29 | 集成块 | D2030（或 TDA2030） | 2 | $u_{101}$、$u_{201}$ |
| 30 | 针座 | 2P | 5 | $Z_1$、$Z_2$、$Z_3$、$Z_4$、$Z_5$ |
| 31 | 热缩管 | 大、小 | 11 | 大3、小8 |
| 32 | 镀银线 | | 各1 | J1：5mm、J2：10mm |
| 33 | 散热片 | | 1 | 40mm×100mm |
| 34 | 电路板 | 106mm×107mm | 1 | |
| 35 | 螺钉、螺母 | Φ3×10mm 细纹 | 2 | 带垫圈 |

## 6.5 习题

1. 对功率放大器的主要要求是什么？它与电压放大器相比有什么特点？
2. 在甲类、乙类、甲乙类和丙类放大器中，晶体管的工作状态有什么特点？
3. 何谓交越失真？产生的原因是什么？怎样消除交越失真？
4. 选择题

1）功率放大电路的最大输出功率是在输入电压为正弦波、输出基本不失真情况下，负载上可能获得的最大_____。

A. 交流功率　　　　　　B. 直流功率　　　　　　C. 平均功率

2）功率放大电路的转换效率是指_____。

A. 输出功率与晶体管所消耗的功率之比

B. 最大输出功率与电源提供的平均功率之比

C. 晶体管所消耗的功率与电源提供的平均功率之比

3）在 OCL 乙类功放电路中，若最大输出功率为 1W，则电路中功放管的集电极最大功耗约为_____。

A. 1W　　　　　　　　B. 0.5W　　　　　　　　C. 0.2W

4）在选择功放电路中的晶体管时，应当特别注意的参数有_____。

A. $\beta$　　　　　　　　B. $I_{CM}$　　　　　　　　C. $I_{CBO}$

D. $U_{BR(CEO)}$　　　　　　E. $P_{CM}$　　　　　　F. $f_T$

5）甲类功放效率低是因为_____。

A. 只有一个功放管　　　B. 静态电流过大　　　C. 管压降过大

5. 分析下列说法是否正确，如正确在括号内打"√"，如错误在括号内打"×"。

1）在功率放大电路中，输出功率愈大，功放管的功耗愈大。　　　　　　（　　）

2）功率放大电路的最大输出功率是指在基本不失真情况下，负载上可能获得的最大交流功率。　　　　　　　　　　　　　　　　　　　　　　　　　　　　（　　）

3）当 OCL 电路的最大输出功率为 1W 时，功放管的集电极最大耗散功率应大于 1W。

　　　　　　　　　　　　　　　　　　　　　　　　　　　　　　　　（　　）

4）功率放大电路与电压放大电路、电流放大电路的共同点是

① 都使输出电压大于输入电压。　　　　　　　　　　　　　　　　　　（　　）

② 都使输出电流大于输入电流。　　　　　　　　　　　　　　　　　　（　　）

③ 都使输出功率大于信号源提供的输入功率。　　　　　　　　　　　　（　　）

5）功率放大电路与电压放大电路的区别是

① 前者比后者电源电压高。　　　　　　　　　　　　　　　　　　　　（　　）

② 前者比后者电压放大倍数数值大。　　　　　　　　　　　　　　　　（　　）

③ 前者比后者效率高。　　　　　　　　　　　　　　　　　　　　　　（　　）

④ 在电源电压相同的情况下，前者比后者的最大不失真输出电压大。　（　　）

6）功率放大电路与电流放大电路的区别是

① 前者比后者电流放大倍数大。　　　　　　　　　　　　　　　　　　（　　）

② 前者比后者效率高。　　　　　　　　　　　　　　　　　　（　　）

③ 在电源电压相同的情况下，前者比后者的输出功率大。　（　　）

6. 已知电路如图 6-19 所示，$VT_1$ 和 $VT_2$ 的饱和管压降 $|U_{CES}| = 3V$，$U_{CC} = 15V$，$R_L = 8\Omega$。选择正确答案填空。

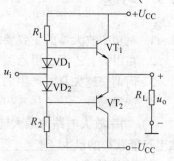

图 6-19　习题 6 电路图

1）电路中 $VD_1$ 和 $VD_2$ 的作用是消除_____。

　　A. 饱和失真　　　　B. 截止失真　　　　C. 交越失真

2）静态时，晶体管发射极电位 $U_{EQ}$_____。

　　A. >0V　　　　　　B. =0V　　　　　　C. <0V

3）最大输出功率 $P_{OM}$ 为_____。

　　A. 28W　　　　　　B. 18W　　　　　　C. 9W

4）当输入为正弦波时，若 $R_1$ 虚焊，即开路，则输出电压_____。

　　A. 为正弦波　　　　B. 仅有正半波　　　C. 仅有负半波

5）若 $VD_1$ 虚焊，则 $VT_1$ _____。

　　A. 可能因功耗过大烧坏

　　B. 始终饱和

　　C. 始终截止

7. 在图 6-19 所示电路中，已知 $U_{CC} = 16V$，$R_L = 4\Omega$，$VT_1$ 和 $VT_2$ 的饱和管压降 $|U_{CES}| = 2V$，输入电压足够大。试问：

1）最大输出功率 $P_{om}$ 和效率 $\eta$ 各为多少？

2）如何选择晶体管的最大功耗 $P_{Tm}$？

3）为了使输出功率达到 $P_{om}$，输入电压的有效值约为多少？

8. 在图 6-20 所示电路中，已知 $U_{CC} = 15V$，$VT_1$ 和 $VT_2$ 的饱和管压降 $|U_{CES}| = 2V$，输入电压足够大。求解：

1）最大不失真输出电压的有效值。

2）负载电阻 $R_L$ 上电流的最大值。

3）最大输出功率 $P_{om}$ 和效率 $\eta$。

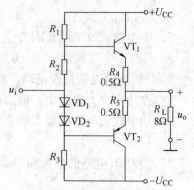

图 6-20　习题 8 电路图

9. OTL 电路如图 6-21 所示，其中 $U_{CC} = 12V$，$R_L = 8\Omega$，$C_L$ 容量很大。

1）静态时电容 $C_L$ 两端电压应该是多少？调整哪个电阻能满足这一要求？

2）动态时 $u_o$ 出现交越失真，应调整哪个电阻？该电阻是增大还是减小？

3）已知 $R_1 = R_3 = 1.1k\Omega$，$VT_1$ 和 $VT_2$ 的 $\beta = 40$，$|U_{BE}| = 0.7V$，$P_{CM} = 400mW$。假设 $R_2$ 虚焊开路，晶体管能否安全工作？

4）若两管的 $U_{CES}$ 都可忽略，则求 $P_{om}$。

10. 电路如图 6-22 所示，已知 $U_{CC} = 15V$，$VT_1$ 和 $VT_2$

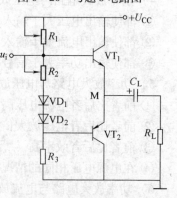

图 6-21　习题 9 电路图

管的饱和管压降 $|U_{CES}| = 1V$，集成运放的最大输出电压幅值为 $\pm 13V$，二极管的导通电压为 $0.7V$。试问：

1）若输入电压幅值足够大，则电路的最大输出功率为多少？

2）为了提高输入电阻，稳定输出电压，且减小非线性失真，应引入哪种组态的交流负反馈？请画出其图形。

3）若 $U_i = 0.1V$，$U_o = 5V$，则反馈网络中电阻的取值约为多少？

11. 若 $P_{CM} = 1W$ 的功率管组成下述电路，求各电路的 $P_{om}$。设 $U_{CES}$ 均可忽略。

1）OCL 电路，$\pm U_{CC} = \pm 6V$，$R_L = 8\Omega$。

2）OCL 电路，$\pm U_{CC}$ 和 $R_L$ 可根据实际需要进行选择。

3）OCL 电路，$\pm U_{CC} = \pm 12V$，$R_L = 8\Omega$。

4）OTL 电路，$U_{CC} = 12V$，$R_L = 8\Omega$。

5）BTL 电路，$U_{CC} = 12V$，$R_L = 8\Omega$。

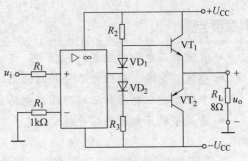

图 6 - 22　习题 10 电路图

# 第7章  直流稳压电源

**本章要点**

- 直流稳压电源的组成
- 整流、滤波、稳压电路分析与应用
- 串联型稳压电源和三端稳压器电路分析
- 开关型稳压电源电路分析

几乎所有电子设备都必须有直流电源才能工作。小功率电子设备可使用电池，但大多数电子设备是将电网交流电源经过变换而获得所需直流电源的。直流电源的性能直接影响着整个电子设备的性能。

直流稳压电源组成框图如图 7-1 所示，它由电源变压器、整流电路、滤波电路及稳压电路 4 部分组成。电源变压器将电网交流电压 $u_1$ 降压，变换成合适的交流电压 $u_2$。电源变压器的另一作用是将强电电路与弱电电路隔离开。整流电路将 $u_2$ 变成单向脉动直流电压 $u_3$，$u_3$ 经滤波电路滤除其中所含的脉动成分，输出较平滑的直流电压 $u_4$。最后，为使输出直流电压 $U_O$ 在电网电压波动和负载变化时能够保持稳定，利用稳压电路进行稳压。

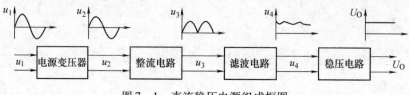

图 7-1  直流稳压电源组成框图

## 7.1  整流电路

利用二极管的单向导电性，将交流电压变换成脉动直流电压的电路称为二极管整流电路。整流电路有半波整流、全波整流、桥式整流和倍压整流等。为了简单起见，将二极管均看成理想二极管，即正偏导通看成短路，反偏截止看成开路。

### 7.1.1  半波整流电路

#### 1. 电路组成与工作原理

半波整流电路如图 7-2a 所示，设 $u_2 = U_{2m}\sin\omega t = \sqrt{2}\,U_2\sin\omega t$。在 $u_2$ 正半周时，二极管 VD 导通，视为短路，输出电压 $u_o = u_2$；$u_2$ 负半周时，二极管 VD 截止，视为开路，输出电压 $u_o = 0\text{V}$。当 $u_2$ 变化 2 个周期时，相关的电压和电流的波形如图 7-2b 所示。可见，在 $R_L$ 两端输出的是单向脉动直流电压。由于整流输出电压仅为交流输入正弦电压的半波，故称为半波整流。

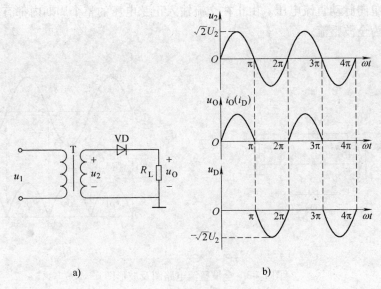

a)          b)

图 7 - 2 半波整流电路图及波形图

a）电路图 b）波形图

### 2. 主要性能指标

（1）整流输出电压平均值 $u_{O(AV)}$

$$u_{O(AV)} = \frac{1}{2\pi}\int_0^\pi u_2\mathrm{d}(\omega t) = \frac{1}{2\pi}\int_0^\pi \sqrt{2}\,U_2\sin(\omega t)\mathrm{d}(\omega t) \approx 0.45 U_2$$

（2）整流输出电流平均值 $i_{O(AV)}$

$$i_{O(AV)} = \frac{u_{O(AV)}}{R_L} \approx 0.45\frac{U_2}{R_L}$$

（3）二极管的正向平均电流 $i_{D(AV)}$

$$i_{D(AV)} = i_{O(AV)} = \frac{u_{O(AV)}}{R_L} \approx 0.45\frac{U_2}{R_L}$$

（4）二极管所承受的最大反向电压 $U_{RM}$

$U_{RM}$ 是指二极管反偏时所承受的最大反向电压，即

$$U_{RM} = \sqrt{2}\,U_2$$

显然，整流二极管应该满足 $I_F > i_{D(AV)}$，$U_R > U_{RM}$。虽然半波整流电路结构简单，但是输出电压波动大，故只适合要求不高的小电流场合。

## 7.1.2 全波整流电路

### 1. 电路组成与工作原理

全波整流电路如图 7 - 3a 所示，实际上它是由两个半波整流电路组成的。变压器带中间抽头，加到两个二极管的电压大小相等、相位相反。设 $u_2 = U_{2m}\sin\omega t = \sqrt{2}\,U_2\sin\omega t$。在 $u_2$ 正半周，二极管 $VD_1$ 导通，$VD_2$ 截止，$u_o = u_2$，$i_O = i_{D1} = u_O/R_L$，$i_{D2} = 0$；$u_2$ 负半周，$VD_2$ 导通，$VD_1$ 截止，$u_O = -u_2$；$i_O = i_{D2} = u_O/R_L$，$i_{D1} = 0$。因此，$i_O = i_{D1} + i_{D2}$ 为单向脉动电流，$u_O$

143

$= |u_2|$。当 $u_2$ 变化一个周期时，相关的电压和电流的波形如图7-3b所示。可见，在 $R_L$ 两端输出的是单向脉动直流电压。由于在交流输入正弦电压的整个周期内都有整流输出电压波形，所以称为全波整流。

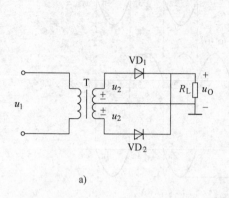

a)

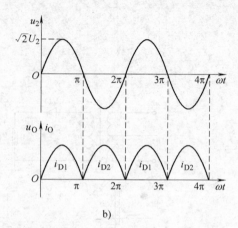

b)

图7-3 全波整流电路图及波形图
a）电路图 b）波形图

#### 2. 主要性能指标

（1）整流输出电压平均值 $u_{O(AV)}$

由输出波形看，显然全波整流输出电压平均值是半波整流的两倍，即

$$u_{O(AV)} \approx 0.9 U_2$$

（2）整流输出电流平均值 $i_{O(AV)}$

$$i_{O(AV)} = \frac{u_{O(AV)}}{R_L} \approx 0.9 \frac{U_2}{R_L}$$

（3）二极管的正向平均电流 $i_{D(AV)}$

$$i_{D1(AV)} = i_{D2(AV)} = \frac{i_{O(AV)}}{2} = \frac{u_{O(AV)}}{2R_L} \approx 0.45 \frac{U_2}{R_L}$$

（4）二极管所承受的最大反向电压 $U_{RM}$

$$U_{RM} = 2\sqrt{2} U_2$$

全波整流输出电压直流成分较高，纹波较小，但变压器次级的每个线圈只在半个周期内有电流，利用率不高。

### 7.1.3 桥式整流电路

#### 1. 电路组成与工作原理

桥式整流电路是最常用的整流电路，其电路图及波形图如图7-4所示。由于 $VD_1 \sim VD_4$ 接成电桥形式，所以称为桥式整流电路。设 $u_2 = U_{2m} \sin\omega t$。在 $u_2$ 正半周，二极管 $VD_1$ 和 $VD_3$ 导通，$VD_2$ 和 $VD_4$ 截止，电流通路如图7-4a所示，$u_O = u_2$；在 $u_2$ 负半周，二极管 $VD_1$ 和 $VD_3$ 截止，$VD_2$ 和 $VD_4$ 导通，电流通路如图7-4b所示，$u_O = -u_2$。因此，$i_L = i_{D13} + i_{D24}$ 为单向脉动电流，$u_O = |u_2|$。相关的电压和电流的波形如图7-4c所示。

144

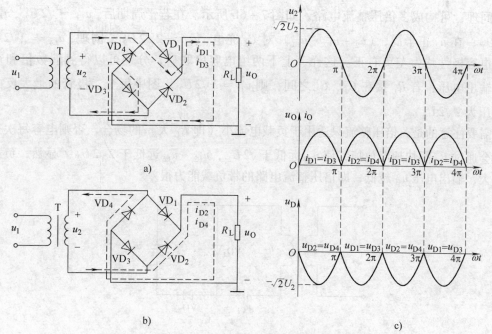

图 7-4 桥式整流电路图及波形图

a）VD₁ 和 VD₃ 导通、VD₂ 和 VD₄ 截止时的电流通路

b）VD₁ 和 VD₃ 截止、VD₂ 和 VD₄ 导通时的电流通路 c）波形图

**2. 主要性能指标**

与全波整流类似，根据上述分析可知，桥式整流电路的主要性能指标为

$$u_{O(AV)} \approx 0.9 U_2$$

$$i_{O(AV)} = \frac{u_{O(AV)}}{R_L} \approx 0.9 \frac{U_2}{R_L}$$

$$i_{D(AV)} = \frac{i_{O(AV)}}{2} = \frac{u_{O(AV)}}{2R_L} \approx 0.45 \frac{U_2}{R_L}$$

$$U_{RM} = \sqrt{2} U_2$$

桥式整流电路还常用简化画法表示，如图 7-5 所示。

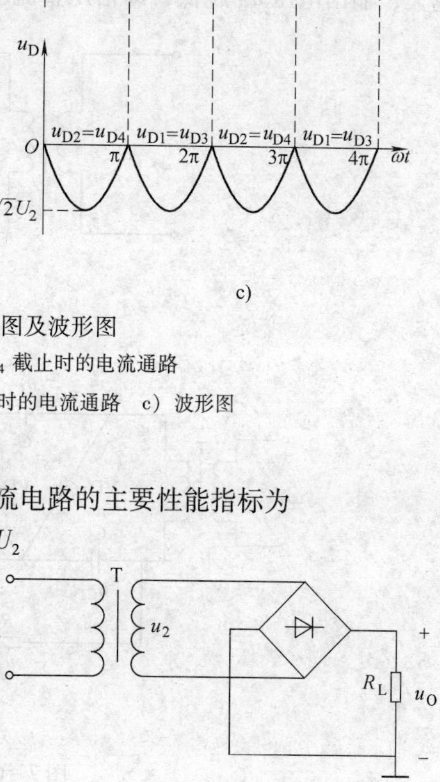

图 7-5　桥式整流电路图的简化画法

## 7.1.4　倍压整流电路

以上所介绍的整流电路，可能获得的最大整流输出电压的极限值为 $U_2$。在变压器二次侧的电压 $U_2$ 受到限制，不能提高的情况下，欲获得较高的整流输出电压，可以采用倍压整流电路。倍压整流电路常用来提供电压高、电流小的直流电压，图 7-6a 所示为二倍压整流电路。

当 $u_2$ 处于正半周时，VD₁ 导通 VD₂ 截止，$u_2$ 对 $C_1$ 充电，$u_{C1}$ 极性右正左负；当 $u_2$ 处于负半周时，VD₁ 截止 VD₂ 导通，$u_2$ 和 $u_{C1}$ 共同对 $C_2$ 充电，$u_{C2}$ 极性下正上负，充电电压就是输出电压 $u_O$。在若干周期后，$C_1$ 可充到接近 $u_2$ 的峰值 $u_{C1} \approx \sqrt{2} U_2$，$C_2$ 可充到接近 $u_2$ 峰值的 2 倍，即 $u_O \approx 2\sqrt{2} U_2$。

同理，可构成多倍压整流电路，如图 7-6b 所示。在若干周期后，$u_{C1} \approx \sqrt{2} U_2$，$u_{C2} \approx 2\sqrt{2} U_2$；在 $u_2$ 正半周，$(u_2 + u_{C2} - u_{C1})$ 对 $C_3$ 充电，$u_{C3} \approx 2\sqrt{2} U_2$，同理，$u_{C4} \approx 2\sqrt{2} U_2$，上述电容极性均为左负右正。这样，上下两组电容串联后，分别可以得到偶数倍和奇数倍的输出电压，若 $R_L$ 接在 $C_1$、$C_3$ 之间，则 $u_L \approx 3\sqrt{2} U_2$。图中每个二极管的最大反向峰值电压为 $2\sqrt{2} U_2$。

需要注意的是，倍压整流只适用于负载电流小（即 $R_L$ 大）的场合，否则电容每次充的电荷会通过 $R_L$ 很快地泄放掉，使 $u_{C1}$ 远低于 $\sqrt{2} U_2$，$u_{C2} \sim u_{C5}$ 远低于 $2\sqrt{2} U_2$。显然，负载电流越大，输出电压 $u_O$ 越低，即倍压整流电路的带负载能力很差。

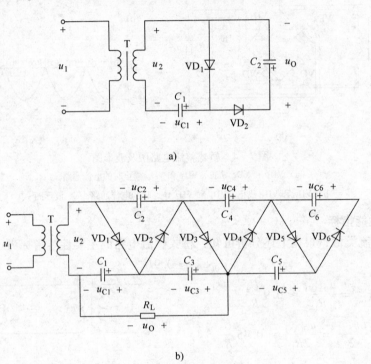

图 7-6　倍压整流电路图
a) 二倍压整流电路图　b) 多倍压整流电路图

## 7.2　滤波电路

整流电路的输出虽为单一方向的直流电，但因其含有较大的谐波成分，故波形起伏明显，脉动系数大，不能适应大多数电子设备的需要。一般在整流电路之后，还需接入滤波电路以滤除谐波成分，使脉动的直流电变为比较平滑的直流电。

滤波电路通常由电容、电感等元件组成，主要是利用电容元件两端电压不能突变、流过电感元件的电流不能突变的特性，将电容元件与负载并联或电感元件与负载串联以达到滤波的作用。

### 7.2.1 电容滤波电路

**1. 半波整流电容滤波**

（1）电路组成与工作原理

图 7-7a 所示是半波整流电容滤波电路，输出电压波形如图 7-7b 所示。当 $u_2$ 为正半周时，二极管 VD 导通，电容器 C 被迅速充电。当 $u_2$ 达到正向最大值并下降而小于 C 上电压时，VD 截止，这时 C 将通过负载电阻 $R_L$ 缓慢放电，输出电压 $u_0$ 按指数规律缓慢减小。当 $u_2$ 重新为正半周，且数值超过 $u_0$ 时，VD 重新导通，C 又被迅速充电，重复上述过程。这样，在 $R_L$ 两端就得到在平均值 $U_{O(AV)}$ 上迭加了小锯齿的电压 $u_0$。显然，电容和负载电阻取得越大，锯齿电压起伏越小，输出电压 $u_0$ 越平滑。

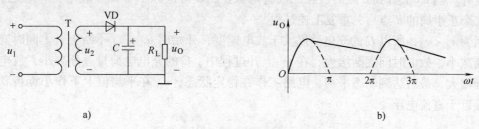

图 7-7 半波整流电容滤波电路

a）电路图 b）输出电压波形

（2）负载上电压的计算

由以上分析可以看出，整流电路并联滤波电容后输出电压脉动分量大大减小，而且输出电压的平均值 $U_{O(AV)}$ 提高了。在相同电容 C 的情况下，$R_L$ 越大，C 放电越慢，输出电压 $u_0$ 越平滑。当 $R_L$ 开路时 C 无法放电，$U_{O(AV)}$ 达到最大值，$U_{O(AV)} = \sqrt{2}\,U_2$。随着 $R_L$ 减小，C 放电加快，$U_{O(AV)}$ 减小，$U_{O(AV)}$ 的最小值为 $0.45U_2$。在工程上常按下式估算半波整流电容滤波电路的输出直流电压 $U_{O(AV)} = 0.9U_2$。

（3）元件的选择

1）电容的选择

C 的容量选择与负载电阻 $R_L$ 有关，$R_L$ 越小，即负载电流 $I_{O(AV)}$ 越大，C 的容量值应取得越大，才能保持比较平滑的输出直流电压。通常取 $R_L C \geqslant (3 \sim 5)\,T$（$T$ 为交流电源的周期）。另外，滤波电容一般为电解电容，其耐压值应大于 $\sqrt{2}\,U_2$，并应有 2～3 倍的余量。

2）整流二极管的选择

二极管的导通角很小，流过二极管的瞬时电流很大，在接通电源瞬间存在很大的尖峰电流，选管时要求 $I_F \geqslant (2 \sim 3)\,U_0/2R_L$。

**2. 桥式整流电容滤波**

（1）电路组成与工作原理

桥式整流电容滤波电路如图 7-8a 所示。

1）空载时的情况

空载时 $R_L \to \infty$，设电容 C 两端的初始电压 $u_C$ 为零。在接入交流电源后，当 $u_2$ 为正半周时，$VD_1$、$VD_3$ 导通，则 $u_2$ 通过 $VD_1$、$VD_3$ 对电容充电；当 $u_2$ 为负半周时，$VD_2$、$VD_4$ 导

通，$u_2$ 通过 $VD_2$、$VD_4$ 对电容充电。由于充电回路等效电阻很小，所以充电很快，电容 $C$ 迅速被充到交流电压 $u_2$ 的最大值 $\sqrt{2}U_2$。此时二极管的正向电压始终小于或等于零，故二极管均截止，没有放电回路，因此输出电压 $u_O = u_C \approx \sqrt{2}U_2$ 保持不变。

2）带电阻负载时的情况

设 $t = 0$ 时 $u_C = 0$，在接入交流电源后，当 $u_2$ 为正半周时，$VD_1$、$VD_3$ 导通，则 $u_2$ 通过 $VD_1$、$VD_3$ 对电容充电，此时时间常数 $\tau_1 \approx R_D C$ 较小，$u_C$ 上升很快。当 $u_C$ 上升至如图 7-8b 中的 $a$ 点时，$u_C = u_2$，超过 $a$ 点后，$u_C > u_2$，各二极管均因反偏截止，$C$ 通过 $R_L$ 放电，时间常数 $\tau_2 = R_L C$ 较大，$u_C$ 缓慢下降。至 $u_2$ 为负半周的某个时刻，如图 7-8b 中的 $b$ 点，$u_C = -u_2$，超过 $b$ 点后，$u_C < -u_2$，$VD_2$、$VD_4$ 导通，于是 $C$ 再次以 $\tau_1 \approx R_D C$ 充电，$u_C$ 很快上升。当 $u_C$ 上升到 $c$ 点后，各二极管均截止，$C$ 再次以 $\tau_2 = R_L C$ 放电，$u_C$ 缓慢下降。至第二个正半周的 $d$ 点后，重复上述过程。

因为 $\tau_1 < \tau_2$，所以 $C$ 的充电速度大于放电速度，开始时 $u_O = u_C$ 不断上升。同时充电时间不断减小，放电时间逐渐增大，在 $u_C$ 上升过程中，$C$ 的充电电荷量逐渐减小，放电电荷量逐渐增大，最后达到动态平衡，电路工作在稳定状态，$u_O$ 在平均值上下作小锯齿状的波动，接近于直流电压。

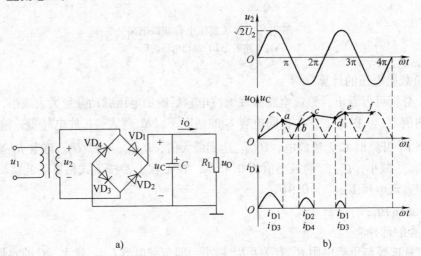

图 7-8 桥式整流电容滤波电路

a）电路图　b）波形图

（2）负载上电压的计算

桥式整流电容滤波电路输出电压平均值 $U_O = U_{O(AV)}$ 升高，纹波显著减小，同时 $R_L C$ 越大，电容放电速度越慢，纹波成分越小，$U_O$ 越高。若忽略 $u_O$ 上的小锯齿波动，则 $U_O = u_{O(AV)} \approx 1.2 U_2$。

（3）元器件的选择

1）电容的选择

通常取 $R_L C \geqslant (3 \sim 5) T/2$（$T$ 为交流电源的周期）。耐压值应大于 $\sqrt{2}U_2$，并应有 $2 \sim 3$ 倍的余量。

2）整流二极管的选择

二极管的导通角很小，流过二极管的瞬时电流很大，在接通电源的瞬间存在很大的尖峰电流，选管时要求 $I_F \geqslant (2 \sim 3) U_L/2R_L$。

综上所述，电容滤波电路结构简单，输出直流电压高，纹波小，但外特性差，适用在负载电压较高、电流较小、负载变动不大的场合，作为小功率直流电源使用。

## 7.2.2 电感滤波电路

当负载电流较大时，电容滤波已不适合，这时可选用电感滤波，电感滤波电路如图 7-9a 所示。电感与电容一样具有储能作用。

当 $u_2$ 升高导致流过电感 $L$ 的电流增大时，$L$ 中产生的自感电动势能阻止电流的增大，并且将一部分电能转化成磁场能储存起来；当 $u_2$ 降低导致流过 $L$ 的电流减小时，$L$ 中的自感电动势又能阻止电流的减小，同时释放出存储的能量以补偿电流的减小。

这样，经电感滤波后，输出电流和电压的波形也可以变得平滑，脉动减小。显然，$L$ 越大，滤波效果越好。由于 $L$ 上的直流压降很小，可以忽略，所以电感滤波电路的输出电压平均值与桥式整流电路相同，即 $U_O = u_{O(AV)} = 0.9U_2$。由于 $R_L$ 和 $L$ 串联对整流输出中的纹波分压，所以 $R_L$ 越小，电感滤波器输出纹波越小，当 $\omega L$（感抗）$\gg R_L$ 时，输出纹波近似为零。

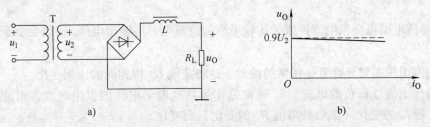

图 7-9 桥式整流电感滤波电路

a）电路图 b）外特性

电感滤波的特点是，二极管的导通角较大（等于 180°，这是反电势作用的结果），电源启动时无冲击电流但有反电动势产生，输出电流大时滤波效果好，外特性较好（如图 7-9b 所示），带负载能力强。但是电感笨重，体积大，容易引起电磁干扰，故电感滤波器适用于低电压、大电流的场合。

## 7.2.3 复式滤波电路

为进一步提高滤波效果，可将电容和电感结合起来构成复式滤波电路。图 7-10 所示是常见的 3 种形式。

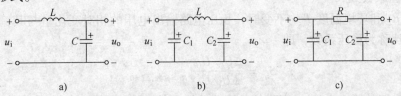

图 7-10 复式滤波电路

a）Γ 型 $LC$ 滤波器 b）$LC$-π 型滤波器 c）$RC$-π 型滤波器

图 7 – 10a 所示为 Γ 型（倒 L 型）*LC* 滤波电路。因 $u_i$ 中交流分量大部分降在电感线圈上，而电容与负载电阻并联的回路中，电容再进一步对交流分量分流，所以使负载电流变得更加平滑，脉动成分进一步减小。

图 7 – 10b 所示是 *LC* – π 型滤波器，可看做是电容滤波与 Γ 型 *LC* 滤波级联而成。$u_i$ 首先经电容滤波，然后再经 *LC* 滤波，从而使输出电压脉动成分大幅度下降，滤波效果显著改善。

上述两种复式滤波器都要用到低频铁心电感线圈。为适应集成电路小型化需要，可采用 *RC* 元件构成的 π 型滤波器，如图 7 – 10c 所示。$u_i$ 所包含交流电压先通过电容 $C_1$ 滤波，然后 $C_1$ 两端交流电压成分再通过电阻 $R$ 和电容 $C_2$ 分压，直流成分则通过 $R$ 与 $R_L$ 分压，这样，虽然直流成分也衰减了一部分，但由于 $C_2$ 容抗很小，交流成分绝大部分降到 $R$ 上，所以使输出电压中交流成分所占比重有所减少。*RC* – π 型滤波具有电容滤波的特点，但由于滤波电阻 $R$ 的存在，使输出直流成分较低。*RC* – π 型滤波器的主要优点是不用电感线圈，同时又具有较好的滤波效果，因而在许多电子设备中得到应用。

# 7.3 稳压电路

整流滤波电路将交流电变换成了比较平滑的直流电，但输出电压 $U_o$ 仍会受到下列因素的影响：

1）电网电压通常允许有 ±10% 的波动，这将造成 $U_o$ 按相同的比例变化。

2）输出电流（即负载电流）$I_o$ 通常是作为其他电子电路的供电电流，可能会经常变动，$U_o$ 将随 $I_o$ 的变化（或负载阻值 $R_L$ 的变化）而变化。

稳压电路的作用就是消除上述两项变动因素对输出电压的影响，获得稳定性好的直流电压。

## 7.3.1 稳压电路的主要指标

衡量直流稳压电源的技术指标主要有以下两种。

**1. 特性指标**

特性指标是表明直流稳压电源工作特性的参数。例如，允许输入的交流电压、输出直流电压及其可调范围以及最大输出电流等。这些指标很容易理解，不再赘述。

**2. 质量指标**

质量指标是用来衡量直流稳压电源性能优劣的参数，主要有以下 3 种。

（1）稳压系数 $S_\gamma$

在负载 $R_L$ 和环境温度 $T$ 均不变时，稳压电路输出电压的相对变化量与其输入电压的相对变化量之比称为稳压系数，即

$$S_\gamma = \frac{\Delta U_o / U_o}{\Delta U_I / U_I}\bigg|_{R_L = 常数, \Delta T = 0}$$

式中，稳压电路的输入电压 $u_2$ 即为从整流滤波输出的电压。$S_\gamma$ 反映了电网电压波动的影响。

由于电网电压在 220V ±10% 范围内变化，所以把此时（即 $\Delta U_I / U_I = ±10\%$ 时）输出电压的相对变化量的百分数作为衡量的指标，称为电压调整率 $S_u$。

（2）输出电阻（或内阻）$R_O$

在输入电压 $U_I$ 和环境温度 $T$ 均不变时，输出电压的变化量与输出电流的变化量之比的负值称为输出电阻，即

$$R_O = -\frac{\Delta U_O}{\Delta I_O}\bigg|_{\Delta U_I = 0, \Delta T = 0}$$

式中，负号表示 $\Delta U_O$ 和 $\Delta I_O$ 变化趋势相反。

（3）温度系数 $S_T$

在输入电压 $U_I$ 和负载 $R_L$ 均不变时，单位环境温度引起输出电压的变化量，即

$$S_T = \frac{\Delta U_O}{\Delta T}\bigg|_{\Delta U_I = 0, R_L = 常数}$$

### 7.3.2 稳压管稳压电路

#### 1. 电路组成与工作原理

稳压管稳压电路就是由硅稳压管组成的简单稳压器，如图 7 - 11 所示。$R$ 是限流电阻，$R_L$ 是等效负载电阻，$U_I$ 和 $U_O$ 分别为稳压电路的输入和输出直流电压。输出电压与稳压管两端电压相同，即 $U_O = U_Z = U_I - I_R R$。

当输入电压 $U_I$ 或负载 $R_L$ 增大时，势必使输出电压 $U_O$ 增大，即稳压管两端电压增大。由稳压管特性可知，此时稳压管电流 $I_Z$ 将增大，于是流过限流电阻的电流 $I_R$ 增大，$I_R R$ 增大，从而抑制了 $U_O$ 增大。上述稳压过程可表示如下

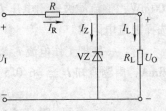

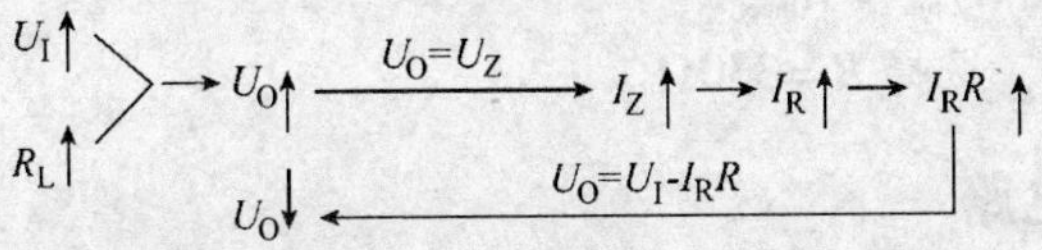

图 7 - 11　稳压管稳压电路

$$\begin{array}{c}
U_I\uparrow \\
\\
R_L\uparrow
\end{array}\Bigg\rangle \rightarrow U_O\uparrow \xrightarrow{U_O=U_Z} I_Z\uparrow \rightarrow I_R\uparrow \rightarrow I_R R\uparrow$$

$$U_O\downarrow \xleftarrow{\quad U_O = U_I - I_R R \quad}$$

由上述过程可见，稳压管起着调节电压的作用。不论什么原因引起输出电压的变化，都将引起稳压管电流 $I_Z$ 发生相应变化，进而改变总电流 $I_R$，以调整限流电阻 $R$ 两端的电压，达到稳定输出电压的目的。

#### 2. 主要指标

（1）稳压系数 $S_\gamma$

稳压管稳压电路的交流等效电路如图 7 - 12 所示。其中 $r_Z$ 很小，$r_Z \ll R_L$，则有

$$\frac{\Delta U_O}{\Delta U_I} = \frac{r_Z /\!/ R_L}{R + r_Z /\!/ R_L} \approx \frac{r_Z}{R + r_Z}$$

所以有

$$S_\gamma = \frac{\Delta U_O / U_O}{\Delta U_I / U_I} = \frac{\Delta U_O}{\Delta U_I}\frac{U_I}{U_O} \approx \frac{r_Z}{R + r_Z}\frac{U_I}{U_Z}$$

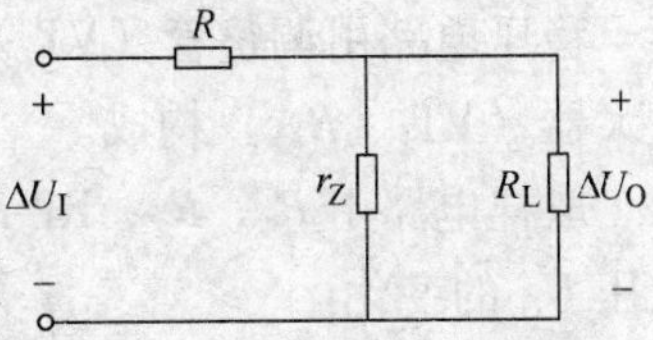

（2）输出电阻 $R_O$

从上图可求得输出电阻为

$$R_O = r_Z /\!/ R \approx r_Z$$

图 7 - 12　稳压管稳压电路的
交流等效电路

（3）限流电阻 $R$ 的选择

限流电阻的作用是当电网电压波动或负载电阻 $R_L$ 变化时，使流过稳压管的电流满足 $I_{Zmin} \leqslant I_Z \leqslant I_{Zmax}$。

1）当输入电压最大和负载电流最小时，$I_Z$ 最大，但不应大于 $I_{Zmax}$

$$\frac{U_{Imax} - U_Z}{R} - I_{Omin} \leqslant I_{Zmax}$$

$$R \geqslant \frac{U_{Imax} - U_Z}{I_{Zmax} + I_{Omin}} = \frac{U_{Imax} - U_Z}{R_{Lmax}I_{Zmax} + U_Z}R_{Lmax} = R_{min}$$

2）当输入电压最小和负载电流最大时，$I_Z$ 最小，但不应小于 $I_{Zmin}$，同理可得

$$R \leqslant \frac{U_{Imin} - U_Z}{I_{Zmin} + I_{Omax}} = \frac{U_{Imax} - U_Z}{R_{Lmin}I_{Zmin} + U_Z}R_{Lmin} = R_{max}$$

由此可得 $R$ 的取值范围为 $R_{min} < R < R_{max}$。若出现 $R_{min} > R_{max}$，则说明超出稳压管的工作范围了，需要更换稳压管。

【例 7 - 1】　在图 7 - 12 所示的电路中，稳压管参数为 $U_Z = 6V$，$I_Z = 10mA$，$P_{ZM} = 200mW$，整流滤波输出电压 $U_I = 15V$。若 $U_I$ 变动 $\pm 10\%$ 和负载电阻从开路变到 $0.5k\Omega$，试选择限流电阻 $R$。

解：一般把工作电流 $I_Z$ 看成稳压管的 $I_{Zmin}$，所以 $I_{Zmin} = 10mA$。而 $I_{Zmax} = P_{ZM}/U_Z = 200/6 \approx 33mA$。由题意知 $I_{Omax} = 6/0.5 = 12mA$，$I_{Omin} = 0$，所以

$$R_{min} = \frac{U_{Imax} - U_Z}{I_{Zmax} + I_{Omin}} = \frac{15 \times 1.1 - 6}{33 + 0} \approx 0.32k\Omega = 320\Omega$$

$$R_{max} = \frac{U_{Imin} - U_Z}{I_{Zmin} + I_{Omax}} = \frac{15 \times 0.9 - 6}{10 + 12} \approx 0.34k\Omega = 340\Omega$$

则 $320\Omega < R < 340\Omega$，选择 $R = 330\Omega$。

### 7.3.3　串联型稳压电路

稳压管稳压电路虽然简单，但输出电压不能调，输出电流的变化范围小，只能用于小电流和负载基本不变、电网电压变动较小的场合。在要求比较高的场合，可以采用串联型稳压电路。

**1. 电路组成与稳压原理**

串联型稳压电路的组成框图如图 7 - 13a 所示。图 7 - 13b 为相应的简单串联型稳压电路原理图。由于起电压调整作用的调整管与负载串联，所以称为串联型稳压电路。

稳压电路由调整管（$VT_1$）、取样电路（$R_1$、$R_2$、RP）、基准电压源（VZ、$R$）和比较放大器（$VT_2$、$R_{C2}$）构成。

取样电路由 $R_1$、$R_2$、RP 串联分压决定 $VT_2$ 基极的电压，取样电路反映了稳压电路输出电压 $U_0$ 的变化。

基准电压是提供一个稳定的基准电压 $U_{REF} = U_Z$，送到 $VT_2$ 发射极，使得 $U_{E2} = U_{REF} = U_Z$。

比较放大是比较取样电压与基准电压，得到误差电压 $U_{BE2} = U_{B2} - U_{E2} = U_{B2} - U_Z$。误差反映了 $U_0$ 的变化，经 $VT_2$ 放大后送到调整管的基极。

调整管 $VT_1$ 工作在放大区，$U_0 = U_I - U_{CE1}$，比较放大器送到 $VT_1$ 基极的误差信号控制了

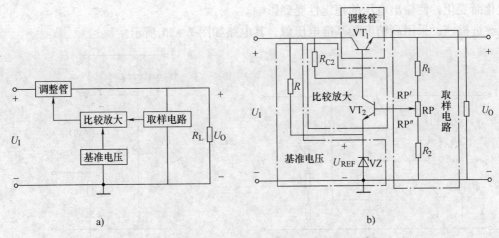

图 7 – 13　串联型稳压电路

a) 组成框图　　b) 简单串联型稳压电路原理图

$VT_1$ 的管压降，使 $U_O$ 增大时 $U_{CE1}$ 也增大，以保持 $U_O$ 的稳定。

若由于电网电压减小或负载电流增大导致 $U_O$ 减小，则电路自动调节过程如下：

$$U_O \downarrow \longrightarrow U_{B2} \downarrow \longrightarrow U_{BE2} = (U_{B2} - U_Z) \downarrow \longrightarrow U_{B1} = U_{C2} \uparrow \longrightarrow U_{CE1} \downarrow$$

$$U_O \uparrow \longleftarrow$$

通过上述自动调节过程使得 $U_O$ 基本稳定。实际上，这种电路为电压串联负反馈电路，调整管 $VT_1$ 接成电压跟随器的形式。由于引入深度电压负反馈，所以能稳定输出电压。

**2. 输出电压的调节范围**

由串联型稳压电路可得 $U_{B2} = \left[ (R_2 + RP'') / (R_1 + R_2 + RP) \right] U_O$，$U_{E2} = U_{REF} = U_Z$，$U_{B2} = U_Z + U_{BE2}$，若 $U_{B2} \gg U_{BE2}$，则

$$U_O \approx \frac{R_1 + RP + R_2}{RP'' + R_2}(U_Z + U_{BE2}) \approx \frac{R_1 + RP + R_2}{RP'' + R_2}U_Z$$

当 $RP''$ 的动臂移动到极限位置，即 $RP'' = RP$ 或 $RP'' = 0$ 时，输出电压分别达到最小值和最大值：

$$U_{Omin} \approx \frac{R_1 + RP + R_2}{RP + R_2}(U_Z + U_{BE2}) \approx \frac{R_1 + RP + R_2}{RP + R_2}U_Z$$

$$U_{Omax} \approx \frac{R_1 + RP + R_2}{R_2}(U_Z + U_{BE2}) \approx \frac{R_1 + RP + R_2}{R_2}U_Z$$

**3. 电路的改进**

简单串联型稳压电路存在的问题，及改进措施。

1）存在问题：比较放大器的放大倍数不够大，电压调节能力不强，且 $U_1$ 的波动会通过 $R_{C2}$ 对 $U_O$ 产生影响。

改进措施：采用电流源作为 $VT_2$ 集电极负载，其电路如图 7 – 14 所示，$VT_3$、$VZ_1$、$R_4$、$R_5$ 组成电流源（注：这里把基准电压的限流电阻 $R_3$ 接到输出端，可以提高基准电压的稳定性）。

2）存在问题：与稳压电源输出电压成比例的基准电压会随管子电流的变化和环境温度

的变化而变化，使输出电压的稳定性受到影响。

改进措施：采用高精度的基准电压源，其电路如图 7-15 所示。

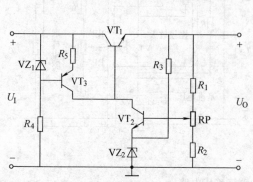 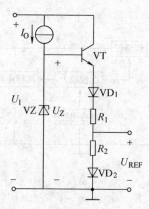

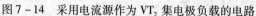

图 7-14　采用电流源作为 $VT_2$ 集电极负载的电路　　　图 7-15　采用高精度的基准电压源电路

图为带有温度补偿的基准电压源。恒流源 $I_0$ 向稳压管 VZ 提供稳定的电流，VZ 两端的稳定电压 $U_Z$ 通过 VT 的发射结再经 $VD_1$、$R_1$、$R_2$、$VD_2$ 分压输出基准电压 $U_{REF}$。设 VT 管发射结和 $VD_1$、$VD_2$ 管正向导通电压均为 $U_{BE}$，则

$$U_{REF} = \frac{R_2 U_Z + (R_1 - 2R_2) U_{BE}}{R_1 + R_2}$$

式中，$U_Z$ 在 6~8V，具有正温度系数，而 $U_{BE}$ 具有负温度系数，二者具有温度补偿作用。

可以证明，当 $R_1$、$R_2$ 满足下列条件时，$U_{REF}$ 温度系数为零。

$$\frac{R_1 - 2R_2}{R_2} = -\frac{\Delta U_Z / \Delta T}{\Delta U_{BE} / \Delta T}$$

3) 存在问题：没有过流、过压、过热保护措施。

改进措施：在稳压电路中增加对调整管进行保护的电路，如图 7-16 所示。

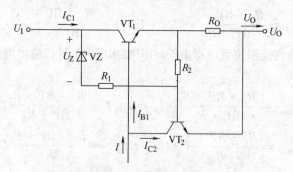

图 7-16　增加对调整管进行保护的电路

上图为减流型保护电路，由保护管 $VT_2$ 和稳压管 VZ、$R_1$、$R_2$、$R_0$ 组成。$VT_1$ 为调整管，$R_0$ 为阻值很小的检流电阻，它两端压降 $U_{Ro} = I_0 R_0$ 反映了输出电流 $I_0$ 的变化。在稳压电源正常工作时，因 $U_{CE1} < U_Z$，故 VZ 未击穿，$R_2$ 上无压降，此时 $I_0$ 不是太大，$U_{RO}$ 也不大，则 $VT_2$ 管的发射结电压 $U_{BE2} = U_{RO}$ 小于开启电压，因此 $VT_2$ 截止，它不影响稳压电路的工作。当 $I_0$ 超过额定值时，$I_0$ 在电源内阻上的压降大大增加，使 $U_0$ 下降较多，$U_{CE1} = (U_I - I_0 R_0$

$-U_O$）$> U_Z$ 使 VZ 击穿，$U_{BE2} = U_{R2} + U_{RO}$ 超过 VT$_2$ 的发射结开启电压，使 VT$_2$ 导通，从而分走 VT$_1$ 管的部分基极电流，从而限制了输出电流。由

$$U_{BE2} = I_O R_0 + \frac{U_I - U_Z - I_O R_0 - U_O}{R_1 + R_2} R_2$$

可得

$$I_O = U_{BE2} \frac{R_1 + R_2}{R_0 R_1} - (U_I - U_O - U_Z) \frac{R_2}{R_0 R_1}$$

（$U_I - U_O$）越大，调整管的管压降 $U_{CE1}$ 越大，$I_O$ 越小，使调整管的功耗不会太大，从而保护了调整管。由于该保护电路使 $I_O$ 减小，所以称其为减流型保护电路。

### 7.3.4 三端集成稳压电路

采用集成工艺制成的集成稳压电路具有体积小、性能好、价格低等特点。集成稳压电路的种类很多，按性能和用途可分为 3 类，即三端固定式（如 78 系列）、三端可调式（如 317 系列）和多端可调式（如 723 系列）。本书主要介绍三端集成稳压电路。

**1. 三端稳压器的基本组成**

三端集成稳压电路都采用串联型稳压电路形式，其组成框图如图 7 - 17 所示，它只有输入、输出和公共 3 个引出端，故名三端集成稳压电路，简称三端稳压器。与前面介绍的串联型稳压电路相比，它增加了启动电路和保护电路。启动电路只在接通电网电压时导通，保证电路立即进入正常的稳压状态。在进入正常稳压后，启动电路截止。保护电路一般包括过流、过热和过压 3 种保护。所谓过流是指负载电流超过了规定允许值。在正常负载电流下，过流保护电路不起作用。一旦发生过载，过流保护电路才起作用，它迫使调整管近于截止，直到造成过载的外电路故障排除，稳压器才自动恢复工作。半导体芯片的工作温度一般不得高于 125°C。过热保护电路的作用是在芯片发生过热现象时，迫使主发热器件——调整管近于截止，于是芯片温度下降，达到保护的目的。过压保护电路用来防止当输入电压 $U_I$ 超过允许值时，可能会使调整管因管压降增大而损坏，它能限制调整管管压降，使之不超过允许值，达到保护调整管的目的。

图 7 - 18 所示是两种三端稳压器的外形图，其中，图 7 - 18a 是 F - 2 型金属封装，图 7 - 18b 是 S - 7 型塑料封装，使用时要注意引脚序号。

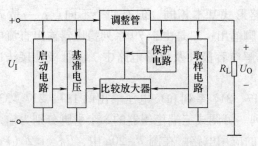

图 7 - 17 三端集成稳压器组成框图

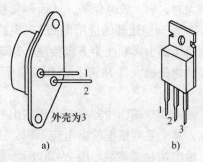

图 7 - 18 三端稳压器的外形图

a) F - 2 型金属封装 b) S - 7 型塑料封装

**2. 三端稳压器的应用电路**

三端稳压器按输出电压是否可调可分为固定式和可调式两种。

固定式稳压器有正电压输出的 78 系列和负电压输出的 79 系列，每个系列按输出电压高低又分为 9 种，以 78 系列为例，有 7805、7806、7808、7809、7810、7812、7815、7818、7824。78 前面的字母为前缀，一般是生产厂家代码，78 后面的数字表示输出电压，如 7812 表示输出电压为 12V；7905 表示输出电压为 $-5V$。最后面的字母为后缀，表示输出电压允许的误差和封装类型等。按输出电流不同，每个品种又分为 4 个子系列：$78L \times \times$，最大输出电流为 100mA；$78M \times \times$，最大输出电流为 0.5A；$78 \times \times$，最大输出电流为 1.5A；$78H \times \times$，最大输出电流为 5A。

图 7-19a 所示是 78 系列三端稳压器的基本应用电路。$U_I$ 是整流电路的输出电压，此值最大不得超过三端稳压器的最大输入电压 $U_{Imax}$，最小不小于 $U_0 + (2 \sim 3)$ V。$C_1$ 是输入端滤波电容，$C_2$ 为输出滤波电容。此外，当稳压器距离整流滤波电路稍远、引线大于 20cm 时，应接电容 $C$，用 $C$ 抵消引线分布电感效应，抑制自激振荡。

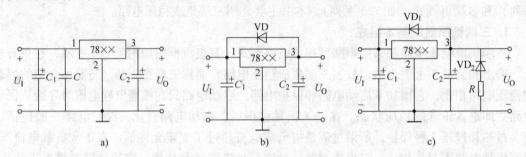

图 7-19  78 系列三端稳压器的基本应用电路
a) 78 系列三端稳压器的基本应用电路  b) 带有输入短路保护的电路  c) 带有过压保护的电路

图 7-19b 所示为带有输入短路保护的电路，当稳压器输出端使用大容量电容滤波且输出电压高于 6V 时，必须接入二极管保护。若输入端突然短路，则其输出端大电容上的电压便可通过 VD 对地放电，否则将会损坏稳压器。图 7-19c 所示是带有过压保护的电路。当负载为感性负载且电感量较大时，电流瞬变将在电感上产生几倍于电源电压的自感电动势，造成稳压器损坏。有了保护电路后，当电流减小时，$VD_2$ 作为放电保护，$R$ 为限流电阻；电流增大时，$VD_1$ 放电保护，从而避免稳压器的损坏。

79 系列稳压器的应用电路与 78 系列的电路形式基本相同。但有两个不同点：一是 79 系列稳压器引脚顺序为 1 脚接地，2 脚输入，3 脚输出；二是由于 79 系列稳压器输出直流电压极性为负极，与 78 系列的相反，所以滤波电解电容极性及保护电路中二极管极性接法也相反。

可调式三端稳压器有正电压输出的 117、217、317 系列和负电压输出的 137、237、337 系列，每个系列根据输出电流不同，还有子系列。可调式三端稳压器的 3 个引脚分别为输入端、输出端和调整端。图 7-20 所示是 CW317 的应用电路。在图 7-20a 中，$U_0 = 1.2 (1 + R_2/R_1)$，为保证空载时 $U_0$ 稳定，$R_1$ 不宜高于 240Ω。图 7-20b 为低压输出电路，调整端直接接地，$U_0 = 1.2V$，固定不变。

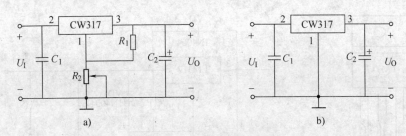

图 7 - 20    CW317 应用电路

a) 应用电路 1    b) 应用电路 2

### 3. 三端稳压器的使用注意事项

使用时应注意以下几点：

1）防止输入端与输出端因误接而对换使用，否则会损坏三端稳压器。

2）防止稳压器出现浮"地"现象。所谓浮"地"是指稳压器公共端未与前级滤波器及负载的公共"地"端连通。在此情况下，会造成负载电路过压。

3）7×××及7×H××系列属于功耗较大的稳压器，使用时都必须配有足够散热面积的散热器才能正常工作。如果散热不良，会导致稳压器内部过热，保护电路将限制输出电压，使稳压器工作失常。

## 7.3.5  实训  三端可调集成稳压电源调试

### 1. 实训目的

1）了解三端可调集成稳压电源 LM317 的特性。

2）掌握 LM317 的使用方法和主要技术指标的测量方法。

### 2. 实训器材

1）直流稳压电源 1 台。

2）万用表 1 台。

3）直流电流表（0～500mA）1 台。

4）滑线变阻器（0～500Ω，1A）1 台。

5）电路板 1 块。

### 3. 实训电路与原理

本实训电路如图 7 - 21 所示。LM317 是三端可调集成稳压器，其输出电压可调范围为 1.25～37V，输出电流的可调范围为 0.1～1.5A，其外形如图 7 - 21a 所示，它有 3 个端子即输入端 3、输出端 2 和调整端 1。

其输出电压由两只外接电阻 $R$、RP 决定，输出端和调整端之间的电压为基准电压 $U_{REF}$，其典型值为 $U_{REF} = 1.25V$，这个电压将产生几毫安的电流，经 $R$、RP 到地，在 RP 上分得的电压加到调整端，通过改变 RP 就能改变输出电压。一个不容忽视的问题是散热，因为三端集成稳压器工作时有电流通过，且其本身又具有一定的压差，这样三端集成稳压器就有一定的功耗，而这些功耗都转换为热量。因此，使用中、大电流三端集成稳压器应加装足够尺寸的散热器。LM317 在不加散热器时的最大功耗为 2W，加上 200 × 200 × 4mm³ 散热板时，其最大功耗可达 15W。

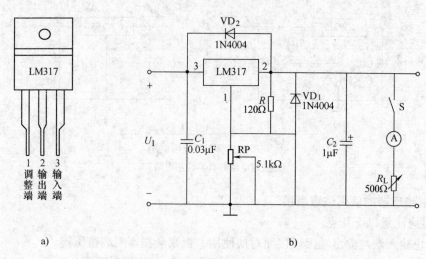

图 7 - 21  实训三端可调集成稳压电路

a) 外形图  b) 原理电路

$VD_1$ 用于输出端短路时提供 $C_2$ 放电回路，$VD_2$ 用于输入端短路时提供 $C_3$ 放电回路，以防损坏 LM317。

LM317 三端可调集成稳压电源输出电压的计算如下：

$$U_0 = 1.25 \ (1 + RP/R) \ + I_{adj} \ RP \approx 1.25 \ (1 + RP/R)$$

调节 RP 可改变输出电压的大小。

**4. 实训内容与步骤**

（1）电路制作

按照电路图 7 - 21 将所有元器件正确焊接在电路板上。

（2）输出电压变化范围的测量

1）调节直流稳压电源的输出为 20V，接到实训电路的 $U_1$ 端。

2）断开开关 S。

3）调节 RP 至两个极端，用万用表测量输出电压，并填入表 7 - 1 中。

表 7 - 1  输出电压变化范围测量表

|  | $U_0$ （V） |
|---|---|
| RP 最小 |  |
| RP 最大 |  |

（3）稳压系数 $S_\gamma$ 的测量

1）接通开关 S，在输出端接入滑线变阻器 $R_L$（0 ~ 500Ω，1A），并串入电流表（0 ~ 500mA），调节滑线变阻器使 $I_0 = 200$mA。

2）调节 RP 使 $U_0 = 15$V。

3）调节直流稳压电源的输出分别为 18V、22V，分别测量电路的输出电压，填入表 7 - 2 中。

4）计算稳压系数 $S_\gamma$。

表7-2　稳压系数 $S_r$ 测量表

| $U_i/V$ | $U_0/V$ | $S_\gamma = \dfrac{\dfrac{\Delta U_0}{U_0}}{0.1}$ |
|---|---|---|
| 18 | | |
| 22 | | |

**5. 思考题**

1）在图7-21中，$VD_1$、$VD_2$、$C_1$、$C_2$ 的作用分别是什么？

2）在图7-21中，输入电压为20V，当 RP = ∞ 或 RP = 0 时，输出电压将如何变化？

# 7.4　开关型稳压电路

串联型稳压电路中的调整管始终工作在放大区，管耗大，整个电路效率低，一般只有20% ~40%。而开关型稳压电路，调整管工作在开关状态，管耗小，使电路效率大为提高（可达80% ~90%）。而且它还具有体积小、重量轻、稳压范围宽、安全可靠、便于集成等特点。因此，许多电子设备采用开关型稳压电路。随着集成电路技术的发展，目前已有与市电直接相连接便可得到标准直流电压输出的单片集成开关电源，使用起来更为方便可靠。

## 7.4.1　开关型稳压电路原理

开关型稳压电路原理图如图7-22所示。输入电压 $U_I$ 由交流电网电压直接整流滤波而得到，$U_0$ 为稳压电路输出电压。G 是控制电路，为调整管 VT 基极提供脉冲控制电压 $u_B$，当 G 输出高电平时，VT 饱和导通，若忽略 VT 饱和管压降，则 VT 发射极电压 $u_E = U_I$。当 G 输出低电平时，VT 截止，发射极电压 $u_E = 0V$。可见，调整管 VT 工作于开关状态，连续的直流输入电压 $U_I$ 变为断续的矩形波电压 $u_E$，如图7-23所示。

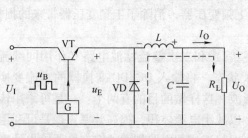

图7-22　开关型稳压电路原理图

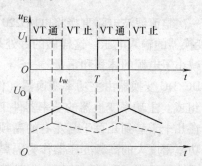

图7-23　开关型稳压电路工作波形图

把矩形脉冲电压变成平稳直流电压的过程称为续流滤波，由续流二极管 VD、储能电感 $L$ 及电容 $C$ 完成。当 VT 饱和导通时，$u_E = U_I$，VD 反偏截止，$u_E$ 向 $L$ 充电，充电电流 $I_0$ 近似线性增长，形成输出电压 $U_0$。当 VT 截止时，$u_E = 0V$，$L$ 中电流有减小的趋势，$L$ 两端产生自感电压 $u_L$，极性左负右正（见图7-22），$u_L$ 加在 $R_L$ 和 VD 的回路上，使 VD 正偏导通，$L$ 通过 VD、$R_L$ 放电，放电电流近似线性减小，并形成输出电压 $U_0$。输出电压平均值按

下式估算

$$U_0 \approx \frac{t_w}{T} U_I$$

式中，$t_w$ 是控制信号 $u_B$ 的脉冲宽度，即调整管导通时间；$T$ 是控制信号 $u_B$ 的周期；$t_w$ 与 $T$ 之比（即 $t_w/T$）称为占空比。

由上式可知，改变 $t_w$ 可以调节 $U_0$，如图 7-23 中虚线所示。同理，改变 $T$ 也可以改变 $U_0$。因此通过调节占空比，可以达到调节输出电压 $U_0$ 的目的。当电路正常工作时，占空比为某一定值，当输出电压 $U_0$ 由于某种原因增大时，可以通过取样电路将 $U_0$ 的变化送到控制电路 $G$，使 $t_w$ 减小或 $T$ 增加，从而抑制 $U_0$ 的增大，使其基本稳定，达到稳压的目的。

通过调节脉冲宽度来达到调节输出电压的开关电源称为脉宽调制开关电源，通过调节脉冲频率来达到调节输出电压的开关电源则称为脉频调制开关电源。

上述电路 $U_0 < U_I$，因此称为降压型开关稳压电源。适当改变电路结构，还可以构成升压型、升压/降压型开关稳压电源。

## 7.4.2 开关电源实例

### 1. 开关电源的组成框图

利用开关型稳压电路构成的直流稳压电源称为开关电源，其组成框图如图 7-24 所示。

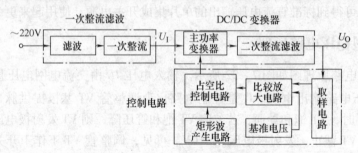

图 7-24 开关电源的组成框图

一次整流滤波电路直接将电网 220V 电压整流滤波，变为 260V 左右的直流，作为 DC/DC 变换器的输入电压。这样做的好处是省去了工频变压器，消除了工频变压器带来的损耗，同时减小了电源的体积和重量。

DC/DC 变换器由主功率变换器（作用同调整管）和二次整流滤波电路（作用同续流电路）组成。主功率变换器的功率器件工作在开关状态，将输入 DC/DC 变换器的直流变换成频率在几十千赫到几百千赫左右的高频交流矩形波。这样做的目的有两个：一是可采用体积小、功率密度大的高频变压器作为隔离变压器，以减小电源体积，提高效率；二是可利用变压器反馈绕组完成取样、稳压、保护等任务。二次整流滤波电路把主功率变换器输出的高频交流矩形波转换成平滑的直流输出。

控制电路由矩形波产生电路、取样电路、基准电压、比较放大电路和占空比控制电路组成，其作用是产生占空比随输出电压作相应变化的矩形脉冲信号，用该信号去控制主功率变换器的功率器件的通断，稳定输出电压。目前，控制电路有专用的集成控制模块（不包括取样电路），如 TL494（M5T494）、SG3524、UC3842、KA7500 等。

## 2. 实例电路

图 7 - 25 所示是利用 Power 公司生产的 PWR - TOP200 三端高压开关电源器件构成的开关电源实例电路，输出稳定电压 5V，输出功率最大可达 25W。

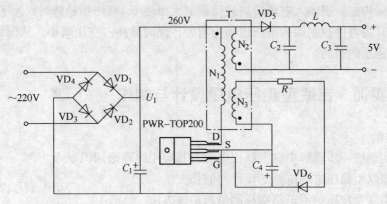

图 7 - 25　开关电源实例电路

PWR - TOP 三端高压开关电源器件现有系列产品 PWR100 ~ 104 和 PWR200 ~ 204，其主要参数如表 7 - 3 所示。器件内集成有矩形波产生电路、脉宽调制电路、电源控制保护电路、启动电路和击穿电压大于 700V 的 MOS 场效应功率管等。为便于记忆，3 个引脚借用场效应晶体管引脚名称，分别命名为源极 S、漏极 D 和控制栅极 G。由于漏极可承受很高的工作电压，所以交流市电在经整流滤波后可直接作为该系列器件的输入电压。

**表 7 - 3　PWR 系列开关电源主要参数表**

| 参数名称 | 参数取值 |
| --- | --- |
| 输入电压 | 85 ~ 265V |
| 输入频率 | 47 ~ 440Hz |
| 工作温度 | 0 ~ 70℃ |
| 输出电压 | 设计决定 |
| 效率 | 87% ~ 90% |
| 输入稳压 | 输入电压 85 ~ 265V　< ±1.5V（设计控制） |
| 负载稳压 | 加载 10% ~ 100%　±1% ~ ±2%（设计控制） |

Power 公司的三端高压开关器件除了用于开关电源外，还可以开发特殊的电源产品，如日光灯镇流器、镉镍电池恒流充电器、小型霓虹灯高压电源等。

下面介绍图 7 - 25 所示电路的工作原理。该电源由一次高压整流滤波、三端高压开关器件、脉冲变压器 T、二次低压整流滤波和取样电路组成。220V 电网交流电压直接接至桥式整流电容滤波电路，形成约 260V 的直流电压 $U_1$。脉冲变压器 T 有 3 个绕组，一次绕组 $N_1$ 一端与开关器件的漏极 D 相连，一端接至 260V 输入高压，从而形成高频（约 100kHz）高压脉冲变换主回路；绕组 $N_2$ 是初级高频脉冲电压经隔离后的低压绕组，再经二极管 $VD_5$ 整流，$C_2$、L 和 $C_3$ 滤波，输出 5V 直流电压；绕组 $N_3$ 是稳压输出的取样绕组，它两端的平均变化电压经限流电阻 R 与 $VD_6$ 整流，$C_4$ 滤波后送到开关器件的控制端 G。该控制信号有两个作用：一是控制器件内部脉冲的占空比，达到使输出电压稳定的目的；二是利用启动电容 $C_4$ 两端电压不能突变这一特性，作为电源启动和关闭保护控制。

控制电路由 $N_3$、$R$、$VD_6$ 和 $C_4$ 组成的取样电路及开关器件中的矩形波产生电路、脉宽调制电路等共同构成。当输入电压增高或负载增大而使 $U_0$ 有增加趋势时，$N_3$ 绕组电压也跟着增大，加到开关器件控制端的电压也相应增大，此时脉冲占空比减小，从而调整输出端电压下降，达到稳压的目的。

## 7.5 综合实训 串联型稳压电源设计与制作

**1. 实训目的**

1）通过实训进一步理解串联型稳压电源及其应用的理论知识。

2）掌握串联型稳压电源电路的设计与制作方法。

3）掌握串联型稳压电源电路指标测量与调试方法。

4）掌握手工制作 PCB 的方法。

**2. 实训器材**

1）调压器 1 台。

2）滑线变阻器 1 台。

3）电流表 1 台。

4）交流毫伏表 1 台。

5）万用表 1 台。

6）实训套件 1 套。

**3. 实训电路与原理**

（1）电路组成

本实训采用分立元件组成。串联型稳压电源电路图如图 7-26 所示。

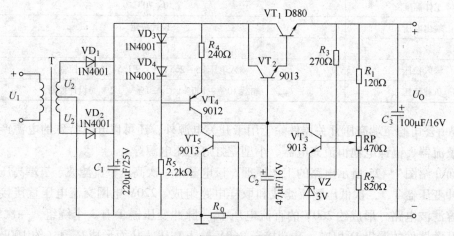

图 7-26 串联型稳压电源电路图

（2）电路原理

稳压电源由电源变压器、整流电路（$VD_1$ 和 $VD_2$ 构成全波整流）、滤波电路（$C_1$ 构成电容滤波）和稳压电路 4 个部分组成。其中，串联型稳压又由取样电路（$R_1$、$R_2$ 和 RP）、基准电压（VZ 和 $R_3$）、比较放大（$VT_3$）和调整管（$VT_1$）4 个部分组成。其中 $VT_1$ 和 $VT_2$ 组成复合管，$VD_3$、$VD_4$、$VT_4$、$R_4$ 和 $R_5$ 构成恒流源，作为复合管的基极偏置，也是 $VT_3$ 的集电极负载，$VT_5$ 和 $R_0$ 组成过流保护电路，当电路正常工作、电流不是太大时，$R_0$ 两端的电压较小，$VT_5$ 截止，当电流过大时，$R_0$ 两端电压增大，$VT_5$ 导通，从而抑制输出电压的增大。$C_2$ 和 $C_3$ 起进一步滤波作用。具体稳压原理参见 7.3.3 的内容。

（3）技术指标

输出电压 $U_0$ 可调：4.5V ~ 9V

输出额定电流 $I_0$：500mA

电压调整率 $K_u \leqslant \pm 0.5\%$

电源内阻 $r_0 \leqslant 0.5 \, \Omega$

纹波电压 $U_r \leqslant 10\text{mV}$

过载电流保护，当输出电流达 $1.2 I_0$（600mA）时，限流保护电路工作。

**4. 实训内容与步骤**

（1）电路设计

根据指标要求设计电路，确定元件参数。

（2）在铆钉板上焊接调试

1）元器件经过测试合格后，在铆钉板上悬空焊接（元件引脚不要剪掉）。

2）$R_0$ 短接，分别测试空载输出电压范围，满载（$I_0 = 500\text{mA}$）输出电压范围，电压调整率，电源内阻，纹波电压。

3）$R_0$（自制电阻，$1\Omega$ 左右）的短接线去掉，测试过流保护动作电流，600 ~ 900mA 视为合格。若不合格，则调整 $R_0$ 阻值到合格。

（3）手工设计与制作印制电路板

1）在纸上设计好印制电路板图。

2）把设计好的印制电路板图用复写纸印到铜箔板上，并在连线上涂上油漆。

3）腐蚀，去除无连线处的铜箔，并清洗油漆。

4）在对应的元件孔位置处打孔。

5）电路板制作完后，在铜箔走线上涂一层松香水，以免氧化。

（4）在印制电路板上焊接调试电路

把铆钉板上的电路移到印制电路板上，重新调试，步骤同铆钉板上的调试。

**5. 实训报告内容**

1）产品名称、原理图、框图。

2）电路原理分析。

3）元器件清单及主要元器件识别与检测方法。

4）焊接与调试（含布局图、焊接注意事项、调试步骤、故障现象与排除方法、参数测试）。

5）性能指标。

6）小结。

**6. 附件**

串联型稳压电源元器件清单如表 7-4 所示。

表 7-4　串联型稳压电源元器件清单

| 编号 | 元器件名称 | 型号规格 | 数量 | 备注 |
|---|---|---|---|---|
| 1 | 变压器 | 输出 ±15V | 1 | T |
| 2 | 电阻 | 2.2kΩ | 1 | $R_1$ |
| 3 | | 240Ω | 1 | $R_2$ |
| 4 | | 270Ω | 1 | $R_3$ |
| 5 | | 820Ω | 1 | $R_4$ |
| 6 | | 120Ω | 1 | $R_5$ |
| 7 | | 约 1Ω | 1 | $R_0$（漆包线绕制） |
| 8 | 电位器 | 470Ω | 1 | RP |
| 9 | 电解电容 | 2200μF/25V | 1 | $C_1$ |
| 10 | | 47μF/16V | 1 | $C_2$ |
| 11 | | 100μF/16V | 1 | $C_3$ |
| 12 | 二极管 | 1N4001 | 4 | $VD_1$、$VD_2$、$VD_3$、$VD_4$ |
| 13 | | 3V 稳压管 | 1 | VZ |
| 14 | 晶体管 | 9013 | 3 | $VT_2$、$VT_3$、$VT_5$ |
| 15 | | 9012 | 1 | $VT_4$ |
| 16 | | D880 | 1 | $VT_1$ |
| 17 | 散热片 | 用铝板自制 | 1 | 供 $VT_1$ 用 |
| 18 | 铆钉板 | 普通 | 1 | |
| 19 | 铜箔板 | 85×75mm | 1 | |
| 20 | 焊锡丝 | 普通 | 1 米 | |
| 21 | 外壳 | 自行设计 | 1 | 可不配 |

# 7.6　习题

1. 判断下列说法是否正确，用"√"或"×"表示判断结果，将判断结果填空。

1）整流电路可将正弦电压变为脉动的直流电压。　　　　　　　　　　　　　　（　　）

2）电容滤波电路适用于小负载电流，而电感滤波电路适用于大负载电流。　（　　）

3）在单相桥式整流电容滤波电路中，若有一只整流管断开，则输出电压平均值变为原来的一半。　　　　　　　　　　　　　　　　　　　　　　　　　　　　　　　　（　　）

4）对于理想的稳压电路，$\Delta U_O/\Delta U_I = 0$，$R_0 = 0$。　　　　　　　　　　（　　）

5）线性直流电源中的调整管工作在放大状态，开关型直流电源中的调整管工作在开关状态。　　　　　　　　　　　　　　　　　　　　　　　　　　　　　　　　　　（　　）

6）因为在串联型稳压电路中引入了深度负反馈，所以电路也可能产生自激振荡。
（　　）

7）在稳压管稳压电路中，稳压管的最大稳定电流必须大于最大负载电流；（　　）而且，其最大稳定电流与最小稳定电流之差应大于负载电流的变化范围。（　　）

2. 选择合适答案填入空内。

1）整流的目的是_____。

A. 将交流变为直流　　　　B. 将高频变为低频　　　　C. 将正弦波变为方波

2）在单相桥式整流电路中，若有一只整流管接反，则_____。

A. 输出电压约为 $2U_D$　　　B. 变为半波整流　　　　　C. 整流管将因电流过大而烧坏

3）直流稳压电源中滤波电路的目的是_____。

A. 将交流变为直流

B. 将高频变为低频

C. 将交、直流混合量中的交流成分滤掉

4）滤波电路应选用_____。

A. 高通滤波电路　　　　　B. 低通滤波电路　　　　　C. 带通滤波电路

5）若要组成输出电压可调、最大输出电流为 3A 的直流稳压电源，则应采用_____。

A. 电容滤波稳压管稳压电路

B. 电感滤波稳压管稳压电路

C. 电容滤波串联型稳压电路

D. 电感滤波串联型稳压电路

6）在串联型稳压电路中放大环节所放大的对象是_____。

A. 基准电压　　　　　　　B. 采样电压　　　　　　　C. 基准电压与采样电压之差

7）开关型直流电源比线性直流电源效率高的原因是_____。

A. 调整管工作在开关状态

B. 输出端有 $LC$ 滤波电路

C. 可以不用电源变压器

3. 电路如图 7 - 27 所示，变压器二次
（侧）电压有效值 $U_{21} = 50V$，$U_{22} = 20V$。
试问：

1）输出电压平均值 $u_{O1(AV)}$ 和 $u_{O2(AV)}$ 各为
多少？

2）各二极管承受的最大反向电压分别为
多少？

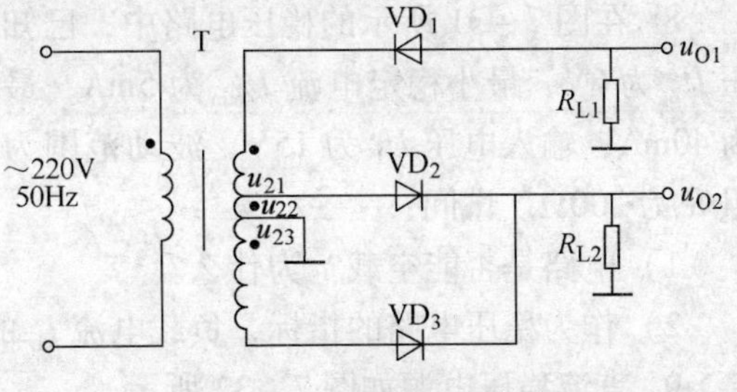

图 7 - 27　习题 3 电路图

4. 电路如图 7 - 28 所示。

1）$u_{O1}$ 和 $u_{O2}$ 对地的实际极性是否和
图中所标的极性一致？

2）$u_{O1}$、$u_{O2}$ 分别是半波整流还是全波
整流？

3）当 $U_{21} = U_{22} = 20V$ 时，$U_{O1(AV)}$ 和

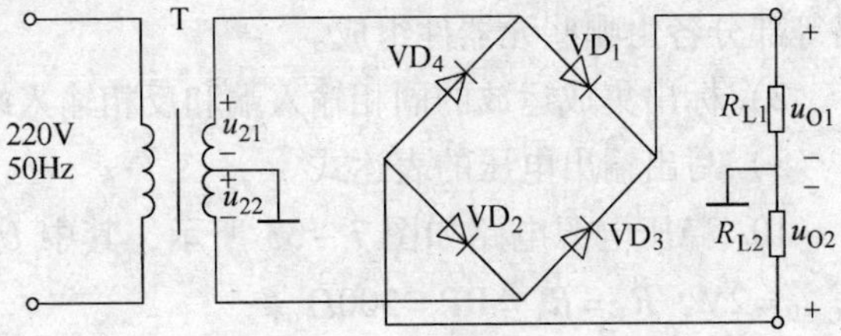

图 7 - 28　习题 4 电路图

$U_{02(AV)}$ 各为多少?

4）当 $U_{21} = 18V$，$U_{22} = 22V$ 时，请画出 $u_{O1}$、$u_{O2}$ 的波形；并求出 $U_{O1(AV)}$ 和 $U_{O2(AV)}$ 各为多少？

5. 分别判断图 7-29 所示各电路能否作为滤波电路，简述理由。

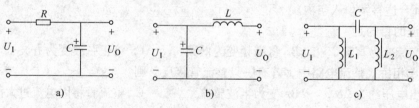

a)　　　　　　　　　　b)　　　　　　　　　　c)

图 7-29　习题 5 电路图

6. 电路如图 7-30 所示，设稳压管的 $U_Z = 6V$，$I_{Zmin} = 5mA$，$I_{Zmax} = 38mA$，$U_2 = 10V$。

1）若最大负载电流 $I_{omax} = 5mA$，电网电压波动 ±10%，则 $R$ 值应选多大？

2）若要求负载由 120Ω 到空载变化时，电路都能起稳压作用，能否找到合适的 $R$?

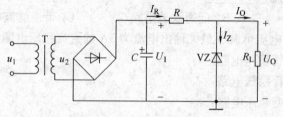

图 7-30　习题 6 电路图

7. 电路如图 7-30 所示，已知 $U_Z = 6V$，$U_1 = 18V$，$R = 1k\Omega$，$R_L = 1k\Omega$。

1）若稳压管反接或限流电阻 $R$ 短路，会出现什么现象？

2）求 $U_2$ 和 $U_0$。

3）已知 VZ 的动态电阻 $r_z = 20\Omega$，求电路的输出电阻 $R_0$ 及 $\Delta U_0 / \Delta U_1$。

8. 在图 7-31 所示的稳压电路中，已知稳压管的稳定电压 $U_Z$ 为 6V，最小稳定电流 $I_{Zmin}$ 为 5mA，最大稳定电流 $I_{Zmax}$ 为 40mA；输入电压 $U_1$ 为 15V，波动范围为 ±10%；限流电阻 $R$ 为 200Ω。试问：

1）电路是否能空载？为什么？

2）作为稳压电路的指标，负载电流 $I_L$ 的范围为多少？

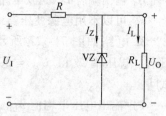

图 7-31　习题 8 电路图

9. 直流稳压电源如图 7-32 所示。

1）说明电路的整流电路、滤波电路、调整管、基准电压电路、比较放大电路、取样电路等部分各由哪些元器件组成。

2）标出集成运放的同相输入端和反相输入端。

3）写出输出电压的表达式。

10. 稳压电源电路如图 7-33 所示，其中 $U_1 = 24V$，$U_Z = 5.3V$，晶体管的 $U_{BE} = 0.7V$，$U_{CES1} = 2V$，$R_3 = R_4 = RP = 300\Omega$。

1）计算输出电压范围。

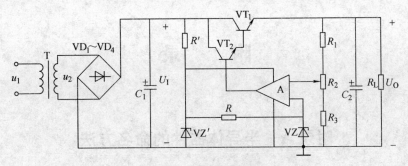

图 7 – 32  习题 9 电路图

2）求 $U_2$。

3）若把 RP 改为 600Ω，则 $U_{Omax}$ 为多少？

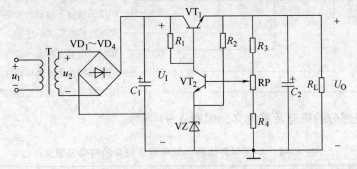

图 7 – 33  习题 10 电路图

11. 电路及参数如第 10 题所示，若出现下述问题，试判断是哪个或哪些元器件有问题。

1）$U_I$ 比正常值（24V）低，约为 18V，且脉动大，调节 RP 时 $U_O$ 可随之改变但稳压效果差。

2）$U_I$ 比正常值（24V）高，约为 28V，$U_O$ 很低，接近 0V，调节 RP 不起作用。

3）$U_O$ 约等于 4.6V，调节 RP 不起作用。

4）$U_O$ 约等于 22V，调节 RP 不起作用。

12. 电路如图 7 – 20a 所示，其中 $U_{31} = U_{REF} = 1.2V$，调整端 1 的电流可忽略，流过 $R_1$ 的最小电流为 5 ~ 10mA，$U_I - U_O \geqslant 2V$。

1）求 $R_1$ 阻值的范围。

2）已知 $R_1 = 210Ω$，$R_2 = 3kΩ$，求 $U_O$。

3）已知 $U_O = 37V$，$R_1 = 210Ω$，求 $R_2$ 和 $U_{Imin}$。

4）已知 $R_1 = 210Ω$，$R_2$ 从 0 变化到 6.2kΩ，求 $U_O$ 的调节范围。

# 附　　录

## 附录 A　半导体器件的命名方法

### 1. 型号组成原则

半导体器件型号的 5 个组成部分的基本意义如下：

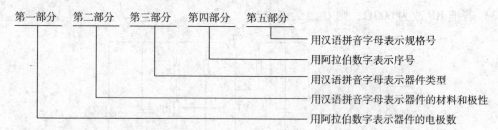

### 2. 型号组成部分的符号及其意义，如表 A－1 所示。

表 A－1　中国半导体器件型号组成部分的符号及意义

| 第一部分 | | 第二部分 | | 第三部分 | | | | 第四部分 | 第五部分 |
|---|---|---|---|---|---|---|---|---|---|
| 用数字表示器件电极数目 | | 用汉语拼音字母表示器件的材料和极性 | | 用汉语拼音字母表示器件的类型 | | | | 用数字表示器件的序号 | 用汉语拼音字母表示规格号 |
| 符号 | 意义 | 符号 | 意义 | 符号 | 意义 | 符号 | 意义 | | |
| 2 | 二极管 | A | N 型锗材料 | P | 普通管 | D | 低频大功率管 | | |
| | | B | P 型锗材料 | V | 微波管 | A | 高频大功率管 | | |
| | | C | N 型硅材料 | W | 稳压管 | T | 半导体闸流管 | | |
| | | D | P 型硅材料 | C | 参量管 | X | 低频小功率管 | | |
| | | | | Z | 整流管 | G | 高频小功率管 | | |
| | | | | L | 整流堆 | J | 阶跃恢复管 | | |
| 3 | 晶体管 | A | PNP 型锗材料 | S | 隧道管 | CS | 场效应晶体管 | | |
| | | B | NPN 型锗材料 | N | 阻尼管 | BT | 特殊器件 | | |
| | | C | PNP 型硅材料 | U | 光电器件 | FH | 复合管 | | |
| | | D | NPN 型硅材料 | K | 开关管 | PIN | PIN 管 | | |
| | | E | 化合物材料 | B | 雪崩管 | JG | 激光器件 | | |
| | | | | Y | 体效应管 | | | | |
| 备注 | 低频小功率管指截止频率 $<3\mathrm{MH_Z}$、耗散功率 $<1\mathrm{W}$；高频小功率管指截止频率 $\geqslant3\mathrm{MH_Z}$、耗散功率 $<1\mathrm{W}$；低频大功率管指截止频率 $<3\mathrm{MH_Z}$、耗散功率 $\geqslant1\mathrm{W}$；高频大功率管指截止频率 $\geqslant3\mathrm{MH_Z}$、耗散功率 $\geqslant1\mathrm{W}$ | | | | | | | | |

例如：锗 PNP 高频小功率管为 3AG11C，其含义为

3（晶体管），A（PNP 型锗材料），G（高频小功率管），11（序号），C（规格号）。

# 附录 B  常用器件的参数

半导体二极管、晶体管的型号和主要参数如表 B-1~表 B-5 所示。

**表 B-1  半导体二极管的型号和主要参数**

| 类型 | 型号 | 额定工作电流 $I_F/mA$ | 最高反向工作电压 $U_{RM}/V$ | 反向饱和电流 $I_R/\mu A$ | 最高工作频率 $f_{max}/Hz$ |
|---|---|---|---|---|---|
| 点接触型锗二极管 | 2AP1 | 16 | 2 | | 150M |
| | 2AP2 | 16 | 30 | | |
| | 2AP3 | 25 | 30 | ≤250 | |
| | 2AP4 | 16 | 50 | | |
| | 2AP5 | 16 | 75 | | |
| 硅整流二极管 | 2CZ54C | 400 | 100 | 250 | 3k |
| | 2CZ54D | 400 | 200 | 250 | 3k |
| | 2CZ54E | 100 | 100 | ≤20 | 50k |
| | 2CZ54F | 100 | 200 | ≤20 | 50k |
| 加散热片的硅整流二极管 | 2CZ55C | 1000 | 100 | ≤600 | ≤3k |
| | 2CZ56C | 3000 | 50 | ≤1000 | ≤3k |

**表 B-2  常用 1N 系列整流二极管的主要参数**

| 型号 | 最大整流电流 $I_F/A$ | 最高反向工作电压 $U_{RM}/V$ | 最大整流下的正向压降 $U_F/V$ | 最高允许结温 $T_{jm}/℃$ | 用途 |
|---|---|---|---|---|---|
| 1N4000 | | 25 | | | |
| 1N4001 | | 50 | | | |
| 1N4002 | | 100 | | | |
| 1N4003 | | 200 | | | |
| 1N4004 | 1 | 400 | ≤1 | 175 | |
| 1N4005 | | 600 | | | |
| 1N4006 | | 800 | | | |
| 1N4007 | | 1000 | | | |
| 1N5400 | | 50 | | | 用于频率为 3kHz 以下的整流电路 |
| 1N5401 | | 100 | | | |
| 1N5402 | | 200 | | | |
| 1N5403 | | 300 | | | |
| 1N5404 | 3 | 400 | ≤0.8 | 175 | |
| 1N5405 | | 500 | | | |
| 1N5406 | | 600 | | | |
| 1N5407 | | 700 | | | |
| 1N5408 | | 1000 | | | |

表 B-3　稳压二极管的型号和主要参数举例

| 型号 | 稳定电压 $U_Z$/V | 最小稳定电流 $I_{Zmin}$/mA | 最大稳定电流 $I_{Zmax}$/mA | 动态电阻 /Ω | $U_Z$ 的温度系数 K/（%/℃） | 最大耗散功率 $P_Z$/mW |
|---|---|---|---|---|---|---|
| 2DW230 | 5.8 ~ 6.6 | | | ≤25 | |0.05| | |
| 2DW231 | 5.8 ~ 6.6 | 10 | 30 | ≤15 | | 200 |
| 2DW232 | 6.0 ~ 6.5 | | | ≤10 | | |
| 2CW50 | 2.5 ~ 3.5 | 10 | 71 | 80 | ≥ -0.09 | 250 |
| 2CW51 | 3.2 ~ 4.5 | | 55 | 70 | -0.05 ~ 0.04 | |
| 2CW76 | 11.5 ~ 12.5 | 5 | 20 | 18 | ≤0.095 | 250 |
| 2CW77 | 12.5 ~ 14 | | 18 | | | |

表 B-4　半导体晶体管的型号和主要参数举例

| 类型 | | 型号 | β | $P_{CM}$/W | $I_{CM}$/mA | $U_{(BR)CEO}$/V | $I_{CEO}$/μA |
|---|---|---|---|---|---|---|---|
| 低频小功率晶体管 | 硅管 | 3CX200A | 55 ~ 400 | 0.3 | 300 | ≥12 | ≤2 |
| | | 3DX200A | | | | | |
| | 锗管 | 3AX31A | 40 ~ 180 | 0.125 | 125 | ≥6 | ≤800 |
| | | 3BX31A | | | | ≥10 | |
| 低频大功率晶体管 | 硅管 | 3DD206 | ≥30 | 25 | 1500 | ≥400 | ≤0.1 |
| | 锗管 | 3AD150A | ≥30 | 1 | 100 | ≥100 | ≤10 |
| 硅高频小功率晶体管 | | 3DG6A | 10 ~ 200 | 0.1 | 20 | 15 | ≤0.1 |
| | | 3DG6B | 20 ~ 200 | | | 20 | ≤0.01 |
| | | 3DG6C | 20 ~ 200 | | | 20 | ≤0.01 |
| | | 3DG6D | 20 ~ 200 | | | 30 | ≤0.01 |
| | | 3CG14A | | 0.15 | 25 | ≥12 | ≤0.1 |
| | | 3CG14B | 20 ~ 150 | | | ≥15 | |
| | | 3CG14C | | | | ≥15 | |
| | | 3CG14D | | | | ≥15 | |

表 B-5　常用进口半导体晶体管主要参数举例

| 型号 | 类型 | 集电极最大耗散功率 $P_{CM}$/W | 集电极最大允许电流 $I_{CM}$/mA | 最高允许结温 $T_{jm}$/℃ | 集-射反向击穿电压 $U_{(BR)CEO}$/V | 集-基反向击穿电压 $U_{(BR)CBO}$/V | 集射反向饱和电流 $I_{CEO}$/μA | 特征频率 $f_T$/MHz | 共射极放大系数 β |
|---|---|---|---|---|---|---|---|---|---|
| 8050 | NPN | 800 | >1500 | | 25 | 6 | 1 | >100 | 85 ~ 300 |
| 8550 | PNP | 800 | >1500 | | -25 | -6 | 1 | >100 | 85 ~ 300 |
| 9011 | NPN | 400 | >30 | | 30 | 5 | 0.2 | >150 | 28 ~ 198 |
| 9012 | PNP | 625 | >500 | | -20 | -5 | 1 | >150 | 64 ~ 202 |
| 9013 | NPN | 625 | >500 | 150 | 20 | 5 | 1 | >150 | 64 ~ 202 |
| 9014 | NPN | 625 | >100 | | 45 | 5 | 1 | >150 | 60 ~ 1000 |
| 9015 | PNP | 625 | >100 | | -45 | -5 | 1 | >100 | 60 ~ 600 |
| 9016 | NPN | 400 | >25 | | 20 | 4 | 1 | >400 | 28 ~ 198 |
| 9018 | NPN | 400 | >50 | | 15 | 5 | 0.1 | >700 | 28 ~ 198 |

# 附录 C　本书常用符号说明

## 1. 基本符号

| | | | | |
|---|---|---|---|---|
| $I$, $i$ | 电流 | | $C$ | 电容 |
| $U$, $u$ | 电压 | | $A$ | 放大倍数 |
| $P$, $p$ | 功率 | | $t$ | 时间 |
| $R$, $r$ | 电阻 | | $f$ | 频率 |
| $L$ | 电感 | | $\omega$ | 角频率 |

## 2. 电流和电压

### 1）原则（以集电极电流为例）

| | | | | |
|---|---|---|---|---|
| $I_C$ | 集电极直流电流 | | $u_o$, $i_o$ | 输出交流电压、电流的瞬时值 |
| $i_c$ | 集电极电流交流分量瞬时值 | | $u_s$, $i_s$ | 交流信号源电压、电流的瞬时值 |
| $i_C$ | 集电极电流总的瞬时值 | | $U_{REF}$, $I_{REF}$ | 参考电压、电流 |
| $I_c$ | 集电极电流的有效值 | | $u_f$, $i_f$ | 反馈电压、电流的瞬时值 |
| $i_{C(AV)}$, $I_{C(AV)}$ | 集电极电流的平均值 | | $u_{ic}$ | 共模输入电压 |
| $I_{cm}$ | 集电极电流交流分量的最大值 | | $u_{id}$ | 差模输入电压 |
| $\Delta I_C$ | 集电极直流电流的变化量 | | $u_+$ | 集成运放的同相输入端电压 |
| $\Delta i_C$ | 集电极电流总的变化量 | | $u_-$ | 集成运放的反相输入端电压 |

### 2）其他

| | | | | |
|---|---|---|---|---|
| $u_i$, $i_i$ | 输入交流电压、电流的瞬时值 | | $U_{CC}$ | 集电极回路电源对地电压 |
| | | | $U_{DD}$ | 漏极回路电源对地电压 |

## 3. 功率

| | | | | |
|---|---|---|---|---|
| $P_o$ | 输出功率 | | $P_T$ | 管耗（集电极耗散功率） |
| $P_{om}$ | 最大输出功率 | | $P_V$ | 电源消耗的功率 |

## 4. 电阻

| | | | | |
|---|---|---|---|---|
| $R_i$ | 电路的输入电阻 | | $R_{of}$ | 反馈放大电路的输出电阻 |
| $R_o$ | 电路的输出电阻 | | $R_s$ | 信号源内阻 |
| $R_{if}$ | 反馈放大电路的输入电阻 | | $R_L$ | 负载电阻 |

## 5. 放大倍数

| | | | | |
|---|---|---|---|---|
| $A_u$ | 电压放大倍数 | | $A_{uc}$ | 共模电压放大倍数 |
| $A_i$ | 电流放大倍数 | | $A_{ud}$ | 差模电压放大倍数 |
| $A_{uf}$ | 有反馈时的电压放大倍数 | | | |

## 6. 器件参数

### 1）晶体二极管

| | | | | |
|---|---|---|---|---|
| VD | 二极管 | | $I_R$ | 反向电流 |
| $I_F$ | 最大整流电流 | | $f_M$ | 最高工作频率 |
| $U_{RM}$ | 最大反向工作电压 | | $I_{sat}$ | 反向饱和电流 |

2) 晶体管

| | | | |
|---|---|---|---|
| VT | 晶体管 | $I_{CBO}$ | 集电极—基极反向饱和电流 |
| b | 基极 | | |
| c | 集电极 | $I_{CEO}$ | 穿透电流 |
| e | 发射极 | $I_{CM}$ | 集电极最大允许电流 |
| $\beta$ | 共发射极（交流）电流放大倍数 | $P_{CM}$ | 集电极最大允许功耗 |
| $\alpha$ | 共基极（交流）电流放大倍数 | $U_{(BR)CEO}$ | 集电极—发射极极间击穿电压 |

3) 场效应晶体管

| | | | |
|---|---|---|---|
| d | 漏极 | $g_m$ | 低频跨导 |
| g | 栅极 | $C_{gs}$ | 栅源电容 |
| s | 源极 | $C_{gd}$ | 栅漏电容 |
| $I_{DSS}$ | 饱和漏极电流 | $P_{DM}$ | 漏极最大耗散功率 |
| $U_{GS(off)}$ | 耗尽型管的夹断电压 | $U_{(BR)DS}$ | 漏源击穿电压 |
| $U_{GS(th)}$ | 增强型管的开启电压 | $U_{(BR)GS}$ | 栅源击穿电压 |

4) 集成运算放大器

| | | | |
|---|---|---|---|
| $A_{od}$ | 开环差模电压增益 | $I_{IO}$ | 输入失调电流 |
| $r_{id}$ | 差模输入电阻 | $U_{id\,max}$ | 最大差模输入电压 |
| $r_{od}$ | 差模输出电阻 | $U_{ic\,max}$ | 最大共模输入电压 |
| $K_{CMR}$ | 共模抑制比 | $f_H$ | 开环带宽 |
| $I_{IB}$ | 输入偏置电流 | $S_R$ | 转换速率 |

# 部分习题参考答案

**第1章**

4. 1) 0V，1.54mA，1.54 mA，3.08 mA。

   2) 0V，0mA，3.08 mA，3.08 mA。

   3) 3V，1.16mA，1.16 mA，2.31 mA。

7. 5V，2V。

8. 串联：9.2V，6.7V，3.9V，1.4V。并联：3.2V，0.7V。

10. 1) 锗管，PNP，b、e、c。

   2) 硅管，NPN，c、b、e。

11. 1) 流出，4.65 mA。

   2) NPN，从左到右为 b、c、e。

   3) 30。

**第2章**

2. 变小。

3. $R_o = 3.4k\Omega$，$U_o = 1.6V$。

4. ×，×，×。

5. 1) $I_{BQ} = 20\mu A$，$I_{CQ} = 1mA$，$U_{CEQ} = 8V$。

   2) $A_u = -71.4$，$R_i = 1.4k\Omega$，$R_o = 4\ k\Omega$。

6. 1) $I_{BQ} \approx 20\mu A$，$I_{CQ} = 1mA$，$U_{CEQ} = 5V$。

   2) $A_u = -1.9$，$R_i = 49.2k\Omega$，$R_o = 6\ k\Omega$。

7. 1) $I_{BQ} \approx 49.3\mu A$，$I_{CQ} = 3.25mA$，$U_{CEQ} = 8.4V$。

   2) $A_u = -182$，$R_i = 0.67k\Omega$，$R_o = 3.3\ k\Omega$。

   3) 静态工作点不变，电压放大倍数减小。

8. 1) $I_{BQ} \approx 22\mu A$，$I_{CQ} = 1.1mA$，$U_{CEQ} = 6.5V$。

   2) $A_u = -2.8$，$R_i = 8k\Omega$，$R_o = 3\ k\Omega$。

9. 1) $I_{BQ} \approx 33.2\mu A$，$I_{CQ} = 1.66mA$，$U_{CEQ} = -4.03V$。

   2) $A_u = -8.9$，$R_i = 4.6k\Omega$，$R_o = 3.3\ k\Omega$。

11. 1) $I_{BQ} \approx 32.3\mu A$，$I_{CQ} \approx 2.6mA$，$U_{CEQ} \approx 7.2V$。

   2) 当 $R_L = \infty$ 时：$A_u \approx 0.996$，$R_i \approx 110k\Omega$。当 $R_L = 3k\Omega$ 时：$A_u \approx 0.992$，$R_i \approx 76k\Omega$。

   3) $R_o \approx 37\ \Omega$。

13. $A_u \approx 1$，$R_i = 16k\Omega$，$R_o = 21\Omega$。

16. 1) 18 mV，2) 162 mV。

19. 1) $I_{BQ1} \approx 20.8\mu A$，$I_{CQ1} = 1.04$，$U_{CEQ1} \approx 4.72V$

     $I_{BQ2} \approx 41.4\mu A$，$I_{CQ2} \approx 2.07mA$，$U_{CEQ2} \approx 5.79V$

   2) $A_{u1} \approx -97.2$，$A_{u2} \approx 0.989$，$A_u = -96.1$

**第3章**

2. a) 可能　b) 不能　c) 不能　d) 可能

3. 1）夹断区　2）恒流区　3）可变电阻区

4. 1）截止区　2）饱和区　3）可变电阻区

5. $i_D = 3.6\,\text{mA}$，$g_m = 2.4\,\text{mS}$。

7. 结型管，耗尽型 MOS 管。

8. N 沟道增强型 MOS 管。

9. $U_{GSQ} = 0\text{V}$，$I_{DQ} = 1\text{mA}$，$U_{DSQ} = 6\text{V}$。$A_u = -5$，$R_i \approx 1.07\text{M}\Omega$，$R_o = 10\text{k}\Omega$。

10. $A_u \approx 0.94$，$R_i \approx 10\text{M}\Omega$，$R_o \approx 0.32\text{k}\Omega$。

11. $A_u = -3.33$，$R_i = 2.075\text{M}\Omega$。

### 第 4 章

4. （1）C，（2）D。

6. a）电压串联负反馈，b）电流并联负反馈。

9. 1）电压，串联，电压串联。2）小，小。3）电压，负。4）反馈闭环内的干扰和噪声。5）电流串联。

10. 信号源内阻越小，串联负反馈的作用越强；信号源内阻越大，并联负反馈的作用越强。

11. 1）$1 + A_u F_u = 50$，$U_i = 100\text{mV}$，$U_f = 98\text{mV}$，$U'_i = 2\text{mV}$，$A_{uf} = -20$。

12. $A = 900$。

13. $F_u = 0.09$。

14. 1）$A_f \approx 500$，2）$\Delta A_f / A_f \approx 0.1\%$。

### 第 5 章

4. 2.29V。

5. 1）$I_{C1} = 0.81\text{mA}$，$U_{C1} = 6.57\text{V}$。2）$A_{ud} = -75$。

6. 1）$A_{uc} = 1$。2）$A_{ud} = -999.5$。3）$K_{CMR} = 999.5$。

7. 1）反相，同相　2）同相，反相　3）同相，反相　4）同相，反相。

8. 1）同相比例　2）反相比例　3）积分　4）同相求和　5）反相求和。

9. $u_o = -1.8\text{V}$，$R_3 = 10\,\text{k}\Omega$。

10. 2）$u_o = -15\text{V}$。

11. a）$u_o = -2u_{i1} - 2u_{i2} + 5u_{i3}$　　b）$u_o = 8\,(u_{i2} - u_{i1})$

15. 1）带阻滤波器　2）带通滤波器　3）低通滤波器　4）低通滤波器

### 第 6 章

4. 1）A　2）B　3）C　4）B、D、E　5）B

5. 1）×　2）√　3）×　4）× ×　√　5）× ×　√ √　6）× √ √

6. 1）C　2）B　3）C　4）C　5）A

7. 1）$P_{om} = 24.5\text{W}$，$\eta \approx 68.7\%$　2）$P_{Tm} \approx 6.4\text{W}$　3）$U_i = 9.9\text{V}$

8. 1）$U_{om} \approx 8.65\text{V}$　2）$I_{Lm} \approx 1.53\text{A}$　3）$P_{om} \approx 9.35\text{W}$，$\eta \approx 64\%$

9. 1）$U_{CL} = 6\text{V}$，调整 $R_1$ 或 $R_3$　2）增大 $R_2$　3）因为静态功耗 $P_{T1} = 1156\text{mW} \gg P_{CM}$，会烧坏管子　4）$P_{om} = 2.25\text{W}$

10. 1）$P_{om} = 10.6\text{W}$　2）电压串联负反馈　3）49k$\Omega$

11. 1）$P_{om} = 2.25\text{W}$　2）$P_{om} = 5\text{W}$　3）$P_{om} = 5\text{W}$　4）$P_{om} = 2.25\text{W}$　5）$P_{om} = 9\text{W}$

**第7章**

1. 1）√ 2）√ 3）× 4）√ 5）√ 6）√ 7）×，√

2. 1）A 2）C 3）C 4）B 5）D 6）C 7）A

3. 1）$U_{01(AV)} \approx 31.5V$，$U_{02(AV)} \approx 18V$ 2）$VD_1$ 为 99V，$VD_2$、$VD_3$ 为 57V

4. 1）$u_{01}$ 一致，$u_{02}$ 不一致 2）均为全波整流

    3）$U_{01(AV)} = -U_{02(AV)} \approx 18V$ 4）$U_{01(AV)} = -U_{02(AV)} \approx 18V$

5. 图 a)、b) 所示电路可用于滤波，图 c) 所示电路不能用于滤波。

6. 1）$189\Omega < R < 480\Omega$，$R = 390\Omega$ 2）找不到合适的 $R$。

7. 1）若稳压管反接，则 $U_0 = 0.7V$；若限流电阻 $R$ 短路，则 VZ 损坏。

    2）$U_2 = 15V$，$U_0 = 6V$。

    3）$R_0 \approx 20\Omega$，$\Delta U_0 / \Delta U_I = 0.019$。

8. 1）由于空载时稳压管流过的最大电流

$$I_{Zmax} = I_{Rmax} = \frac{U_{1max} - U_Z}{R} = 52.5mA > I_{Zmax} = 40mA$$

    所以电路不能空载。

    2）负载电流的范围为 12.5 ~ 32.5mA。

9. 1）整流电路：$VD_1 \sim VD_4$。滤波电路：$C_1$。调整管：$VT_1$、$VT_2$。基准电压电路：$R'$、$VZ'$、$R$、$VZ$。比较放大电路：A。取样电路：$R_1$、$R_2$、$R_3$。

    2）为了使电路引入负反馈，集成运放的输入端上为负下为正。

    3）输出电压的表达式为

$$\frac{R_1 + R_2 + R_3}{R_2 + R_3} U_Z \leqslant U_0 \leqslant \frac{R_1 + R_2 + R_3}{R_3} U_Z$$

10. 1）$U_0 = 9 \sim 18V$ 2）$U_2 = 20V$ 3）$U_{0max} = 22V$，$VT_1$ 处于饱和区。

11. 1）$C_1$ 开路 2）$R_1$、$R_2$ 开路 3）$VT_2$ 的 c、e 极间短路 4）$VT_1$ 饱和。

12. 1）$R_1 = （120 \sim 240）\Omega$

    2）$U_0 = 18.3V$

    3）$R_2 = 6.265k\Omega$，$U_{1min} = 39V$

    4）$U_0 = （1.2 \sim 36.6）V$

# 参 考 文 献

[1] 郑应光. 模拟电子线路（一）[M]. 南京：东南大学出版社，2005.

[2] 纪静波，李文革. 低频电子线路 [M]. 北京：机械工业出版社，2009.

[3] 王慧玲. 电子技术实验—低频、高频、数字、集成 [M]. 南京：东南大学出版社，2005.

[4] 林东. 电子线路 [M]. 北京：高等教育出版社，2004.

[5] 谢兰清，陈娇英，黄飞. 电子技术项目教程 [M]. 北京：电子工业出版社，2009.

[6] 黄丽，杜天艳，谭斐. 电子技术基础 [M]. 北京：化学工业出版社，2009.

[7] 张志良. 模拟电子技术基础 [M]. 北京：机械工业出版社，2006.

[8] 黄永定. 电子线路实验与课程设计 [M]. 北京：机械工业出版社，2005.

[9] 周雪. 电子技术基础 [M]. 北京：电子工业出版社，2003.

[10] 胡宴如. 模拟电子技术 [M]. 北京：高等教育出版社，2000.

[11] 杨凌. 模拟电子线路学习指导与习题详解 [M]. 北京：机械工业出版社，2006.

[12] 童诗白，华成英. 模拟电子技术基础 [M]. 北京：高等教育出版社，2001.

[13] 付植桐. 电子技术 [M]. 北京：高等教育出版社，2006.

[14] 康华光，陈大钦. 电子技术基础 [M]. 北京：高等教育出版社，2001.

[15] 郭维芹. 模拟电子技术 [M]. 北京：科学出版社，1998.

[16] 杨碧石. 模拟电子技术基础 [M]. 北京：北京航空航天大学出版社，2006.